다락원

혼자공부비법으로 합격을 원하는 예비 조리기능사들을 응원하며…

"더 빠르게 더 쉽게 그리고 완벽한 기능습득으로 원큐에 패스하기"

요리하기 위해 들어간 부엌에서 하얀 접시를 발견한다. 그리고 냉장고에서 재료를 꺼내 그 접시 위에 놓는다. 재료만 봐서는 어떤 요리가 될지 상상할 수 없다. 그러나 이것만은 확실하다. 요리하는 사람의 숙련도와 좋은 재료에 따라 완성도와 맛은 달라질 것이다. 조리기술도 마찬가지다. 조리기능사를 준비하는 수험생들이 아직 채워지지 않은 접시를 어떻게 채울지는 어떻게 공부하냐에 달려있다.
이 책은 아직 채워지지 않은 수험생들을 제대로 이끌어 보고자 준비하였다. 치열하게 나날이 발전하는 조리세계에서 자신감의 첫걸음이 될 수 있는 중식조리기능사 자격을 더 빠르게, 더 쉽게, 그리고 완벽하게 습득하여 단번에 합격하기를 바란다.

'노력은 배신하지 않는다. 그러나 꿀팁이 있다면 노력도 즐겁다.'

처음 요리를 시작하면 재료 손질법부터 썰기, 조리법 등 배워야 할 것도 많고 어렵다. 뭐든지 그냥 얻어지는 것은 없다. 하지만 노력은 배신하지 않는다. 그러나 그 노력이 때로는 힘이 든다.
But! 지금 이 책을 보고 있는 주인공인 당신! 당신은 이책을 통해 즐겁고 쉽게 배울 수 있다. 저자의 다년간의 노하우와 연구를 통해 축적된 다양한 꿀팁이 대방출되었다!! 책과 동영상을 보며 함께 공부한다면 혼자서도 즐겁게, 단번에 합격할 수 있다.

'행복한 요리~ 즐거운 요리를 하자!'

요구사항과 시간에 쫓겨 시험을 치르고 합격을 기다려야 하는 초조함…, 생각만 해도 NO~NO~. 그래도 겪어야 한다면 즐겁게 준비하자. 즐기는 자는 따라갈 수 없는 법!
비록 시험은 규격에 맞춰 순서를 지켜야 하는 스트레스 유발자이지만, 요리를 시험이 아닌 사랑하는 사람에게 주려고 만든다고 생각하자. 치열하지만 즐겁고 행복하게 긍정적인 마음을 갖고…, 동영상을 보면 절로 노래가 나오고 행복바이러스가 전파될 것이다. 스트레스 없는 배움이 시작된다. 그러면 그 마음이 요리에 반드시 나타날 것이다.

'모두가 합격하는 그날까지!'

지금까지 나왔던 어떤 수험서보다도 가장 자세하고, 채점기준을 완벽하게 반영하였다고 자부한다. 저자는 계속적으로 시험기준을 꼼꼼하게 분석하고 앞서 연구하고 노력할 것이다. 그리고 이 길을 수험생들과 함께 걸어 모두가 합격하는 그날까지 최선을 다하겠다.
힘들지만 행복한 길을 택한 멋진 수험생들을 언제나 응원하며, 모두의 합격을 기원한다.

이 책의 활용법

1 시험시간 체크!
쉬운 것부터 차근차근 학습한다!

2 동영상 QR코드!
각 과제별 동영상을 바로 볼 수 있다!

3 크게보자! 완성작!
시간 안에 담는 것만큼 예쁘게 담는 것도 중요하다!

4 자주 출제되는 짝꿍과제!
출제되는 두 과제는 시험시간에 따라 결정된다. 함께 연습하여 손에 익히자!

5 꼭꼭 체크 요구사항!
규격, 제출량 등 요구사항을 반드시 암기하자!

조리준비

조리 시작 전 썰기 방법을 숙지할 수 있습니다.

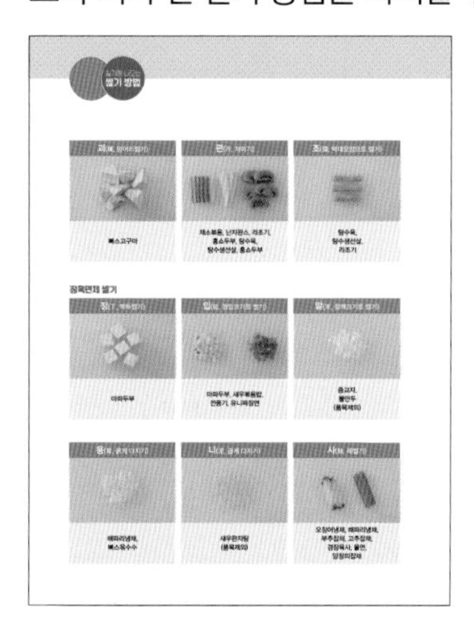

시험안내

정확한 시험 정보를 안내합니다.

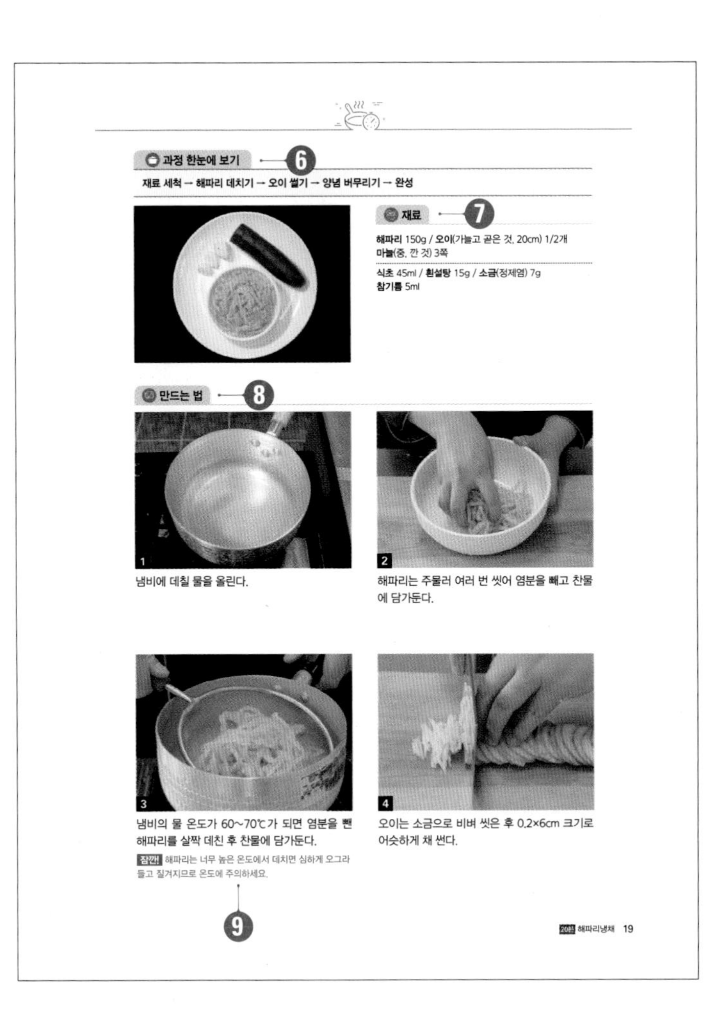
과정 한눈에 보기 ⑥
재료 세척 → 해파리 데치기 → 오이 썰기 → 양념 버무리기 → 완성

재료 ⑦
해파리 150g / 오이(가늘고 곧은 것, 20cm) 1/2개
마늘(중, 깐 것) 3쪽
식초 45ml / 흰설탕 15g / 소금(정제염) 7g
참기름 5ml

만드는 법 ⑧
1 냄비에 데칠 물을 올린다.
2 해파리는 주물러 여러 번 씻어 염분을 빼고 찬물에 담가둔다.
3 냄비의 물 온도가 60~70℃가 되면 염분을 뺀 해파리를 살짝 데친 후 찬물에 담가둔다.
잠깐! 해파리는 너무 높은 온도에서 데치면 심하게 오그라들고 질겨지므로 온도에 주의하세요. ⑨
4 오이는 소금으로 비벼 씻은 후 0.2×6cm 크기로 어슷하게 채 썬다.

20분 해파리냉채 19

⑥ 과정 한눈에 보기

전체 과정을 한눈에 보고
작업 순서를 이해하자!

⑦ 재료 잘 챙기기!

재료를 꼼꼼히 암기해 시험장에서
빠트리지 않기!

⑧ 상세한 요리 과정!

사진을 따라가면 요리 과정이 한눈에
읽힌다!

⑨ 저자의 팁!

좀 더 쉽게, 좀 더 정확하게,
저자가 주는 팁을 참고하자!

혼공비법 실전 8가지

두 과제를 제한 시간 안에 할 수 있는
비법을 제시합니다.

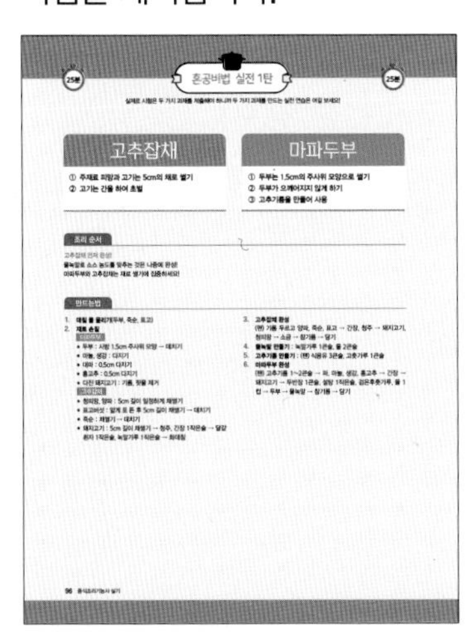

레시피 요약

점선을 따라 잘라 활용하는
레시피 요약집을 제공합니다.

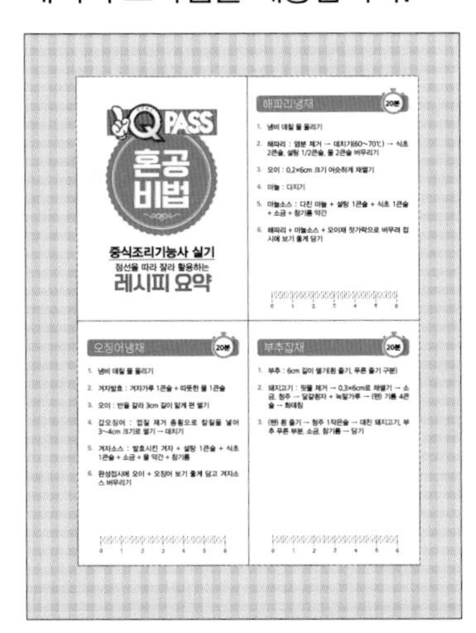

재료 실사 카드

한 눈에 보는 규격 암기용
재료 실사 카드를 제공합니다.

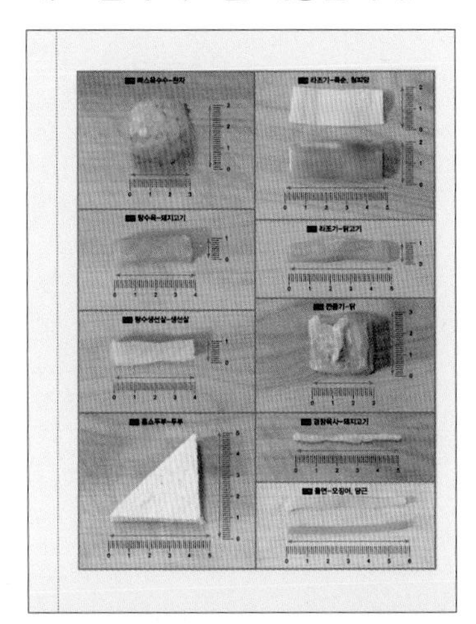

실기시험 합격비법

1 재료는 씻으면서 처음부터 나눠놓기

두 가지 과제를 한꺼번에 진행해서 재료가 헷갈릴 수 있어요. 지급재료가 아닌 재료사용은 오작입니다. 재료를 씻으면서 접시를 두 개 놓고 각각의 과제에 따른 지급재료를 따로 분리하세요.
여기서 잠깐! 공통 재료가 있다면 처음부터 자르거나 나눠서 다른 재료라고 생각하고 사용하세요.

2 데치기, 밥짓기, 면삶기가 가장 먼저!

과제에 데치기, 밥짓기, 면삶기가 있다면 '가장 먼저 해야 할 일'로 꼭 기억하세요.
이 중에서 2가지 이상이 겹친다면 ① 데치기 ② 밥짓기 ③ 면삶기 순으로 진행하세요.
중식의 재료 중 죽순이 나오면 무조건 데칠 물부터!!! 죽순은 꼭 데쳐서 사용하세요.

3 도마에서는 흰 재료부터 진한 색으로 진행하기

도마를 계속 헹구면서 사용하면 시간이 아까워요. 대파, 마늘, 양파부터 시작해서 색이 진한 순으로 끝나도록 도마를 사용할 때 재료의 색에 유의해서 순서를 정해 손질하세요.

4 재료손질을 모두 마치면 완성은 순식간

중식의 경우 과제의 재료를 모두 분리해서 손질하고 썰기가 끝나면 두 과제 중 하나씩 팬이나 냄비를 이용해 순식간에 완성합니다.
고명이 없어 작업 진행이 단순하고 차근히 재료준비하고 완성시키면 돼요.

5 팬에서 볶을 때는 향신채부터 마지막은 참기름!

중식에는 다양한 재료들이 들어가요. 그러나 볶을 때 공통된 원칙이 있습니다.
팬에 기름 한 큰술 두르고 향신채(마늘, 대파, 생강)를 제일 먼저 볶다가 간장, 청주로 간을 한 후 나머지 재료들을 넣어 순식간에 볶아 완성하시면 돼요~
그리고 마지막은 참기름을 넣고 마무리한다는 것~ (예외도 있으니 레시피를 참고하세요!!!)

6_ 주변사람들에게 휘둘리지 말기

주변에서 빠르게 진행해도 내 갈 길만 가면 됩니다. 나와 방법을 다르게 하는 사람을 따라가다 오히려 잘못돼 점수가 감점될 수 있어요. 자신을 믿고 자신이 익힌 순서로 진행하세요.

7_ 재료는 필요한 만큼만 사용하기

과제에 따라 재료가 필요한 것보다 많이 나오는 경우가 있어요. 모든 재료를 손질하다 시간이 훅훅~ 연습할 때 필요한 재료의 양을 확인하고 실전에 적용하세요.

8_ 도마 위에서는 재료를 두가지 이상 올려서 작업하지 않기

빠르게 진행한다고 도마 위에 여러 재료를 놓고 손질하면 볼 때마다 감독위원에게 점수가 감점됩니다. 도마에서는 한 가지 재료씩 차근히~

9_ 순서가 기억나지 않는다면 행주를 빨거나 주변을 정리하기

긴장이 돼서 순서가 생각이 나지 않아요.
그럴 땐 행주를 빨거나 주변을 정리하며 마음을 가다듬고 순서를 생각하는 시간을 가지세요. 행주 빨고, 주변 정리하면 위생 up!
중식은 한식, 양식에 비해 시간이 부족하지 않아요. 조금 여유를 가져도 좋을 듯 ^^

10_ 실수해도 자신감 있게!

사람은 누구나 실수합니다.
작은 실수로 포기하기보다 끝까지 최선을 다해서 마무리 하세요.
좋은 결과가 있을 거예요.
노력은 배신하지 않고, 즐기는 자를 이기지 못합니다. 파이팅!!!

괴(塊, 덩어리썰기)

빠스고구마

편(片, 저미기)

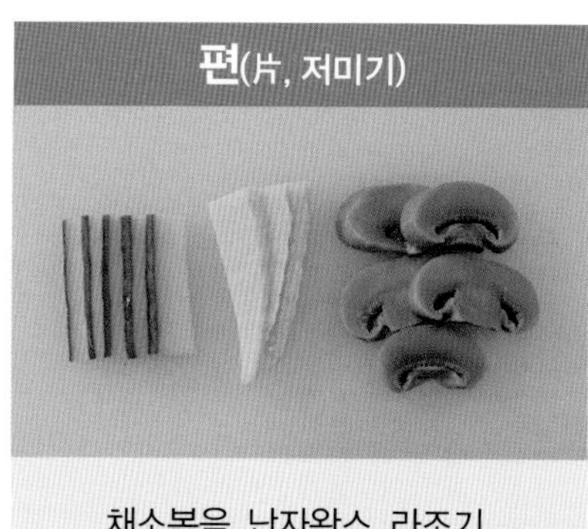

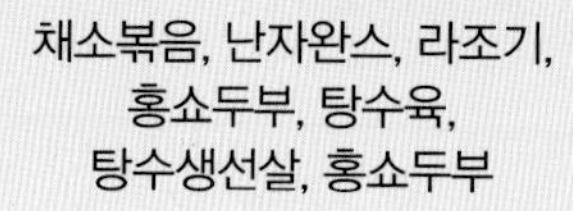

채소볶음, 난자완스, 라조기,
홍쇼두부, 탕수육,
탕수생선살, 홍쇼두부

조(條, 막대모양으로 썰기)

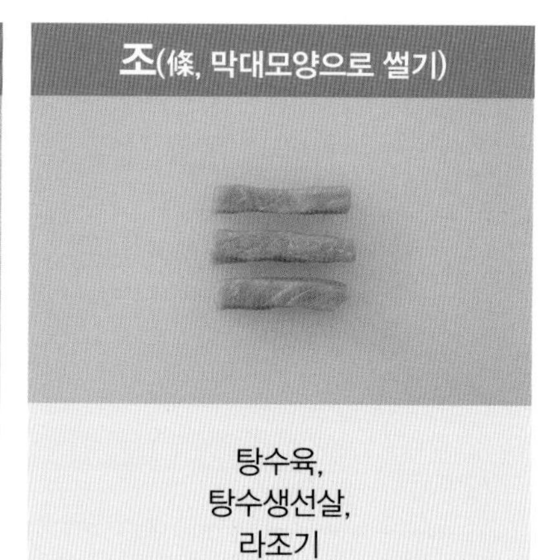

탕수육,
탕수생선살,
라조기

정육면체 썰기

정(丁, 깍둑썰기)

마파두부

입(粒, 쌀알크기로 썰기)

마파두부, 새우볶음밥,
깐풍기, 유니짜장면

말(末, 참깨크기로 썰기)

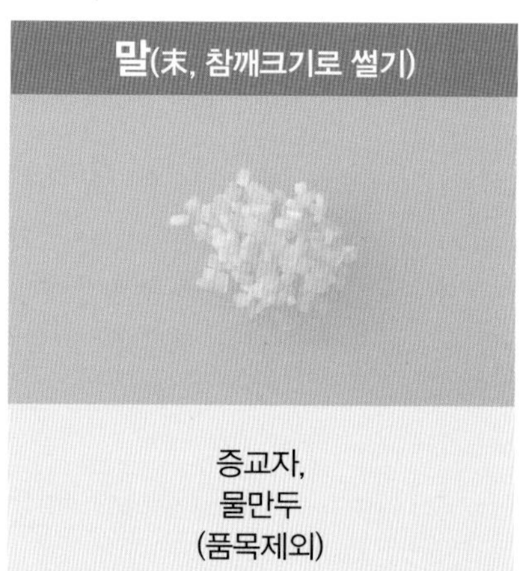

증교자,
물만두
(품목제외)

용(茸, 굵게 다지기)

해파리냉채,
빠스옥수수

니(泥, 곱게 다지기)

새우완자탕
(품목제외)

사(絲, 채썰기)

오징어냉채, 해파리냉채,
부추잡채, 고추잡채,
경장육사, 울면,
양장피잡채

한 눈에 보기

차례

중식조리기능사 실기 시험안내

시험안내

자격명 중식조리기능사
영문명 Craftman Cook, Chinese Food
관련부처 식품의약품안전처
시행기관 한국산업인력공단

* 필기합격은 2년 동안 유효합니다.

응시자격 필기시험 합격자
응시방법 한국산업인력공단 홈페이지
[회원가입 → 원서접수 신청 → 자격선택 → 종목선택 → 응시유형 → 추가입력 → 장소선택 → 결제하기]
응시료 28,500원

시험일정 상시시험
* 자세한 일정은 Q-net(http://q-net.or.kr)에서 확인

시험문항 20가지 메뉴 중 2가지 메뉴가 무작위로 출제
검정방법 작업형
시험시간 70분 정도
합격기준 100점 만점에 60점 이상
합격발표 발표일에 큐넷 홈페이지에서 확인

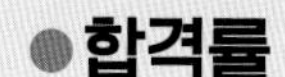

합격률

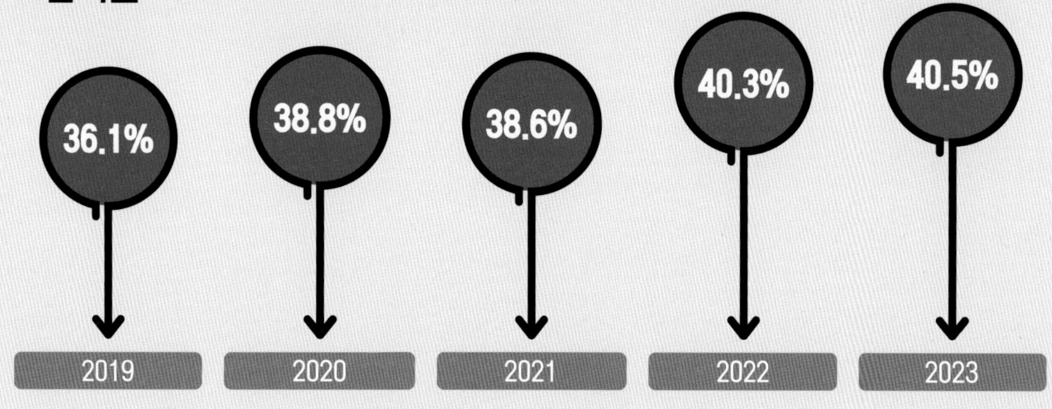

작업형 실기시험 기본정보

안전등급(safety Level) : 4등급

시험장소 구분	실내
주요시설 및 장비	가스레인지, 칼, 도마 등 조리기구
보호구	긴소매 위생복, 앞치마, 안전화(운동화) 등

★ 보호구(긴소매 위생복, 안전화(운동화) 등) 착용, 정리정돈 상태, 안전사항 등이 채점 대상이 될 수 있습니다. 반드시 수험자 지참 공구 목록을 확인하여 주시기 바랍니다.

위생상태 및 안전관리 세부기준 안내

위생복 상의	**• 전체 흰색, 손목까지 오는 긴소매** – 조리과정에서 발생 가능한 안전사고(화상 등) 예방 및 식품위생(체모 유입방지, 오염도 확인 등) 관리를 위한 기준 적용 – 조리과정에서 편의를 위해 소매를 접어 작업하는 것은 허용 – 부직포, 비닐 등 화재에 취약한 재질이 아닐 것, 팔토시는 긴팔로 불인정 **• 상의 여밈은 위생복에 부착된 것이어야 하며 벨크로(일명 찍찍이), 단추 등의 크기, 색상, 모양, 재질은 제한하지 않음(단, 핀 등 별도 부착한 금속성은 제외)**
위생복 하의	**• 색상·재질무관, 안전과 작업에 방해가 되지 않는 발목까지 오는 긴바지** – 조리기구 낙하, 화상 등 안전사고 예방을 위한 기준 적용
위생모	**• 전체 흰색, 빈틈이 없고 바느질 마감처리가 되어 있는 일반 조리장에서 통용되는 위생모(모자의 크기, 길이, 모양, 재질(면·부직포 등)은 무관)**
앞치마	**• 전체 흰색, 무릎 아래까지 덮이는 길이** – 상하일체형(목끈형) 가능, 부직포·비닐 등 화재에 취약한 재질이 아닐 것
마스크	**• 침액을 통한 위생상의 위해 방지용으로 종류는 제한하지 않음** (단, 감염병 예방법에 따라 마스크 착용 의무화 기간에는 '투명 위생 플라스틱 입가리개'는 마스크 착용으로 인정하지 않음)
위생화 (작업화)	**• 색상 무관, 굽이 높지 않고 발가락·발등·발뒤꿈치가 덮여 안전사고를 예방할 수 있는 깨끗한 운동화 형태**
장신구	**• 일체의 개인용 장신구 착용 금지**(단, 위생모 고정을 위한 머리핀 허용)
두발	**• 단정하고 청결할 것, 머리카락이 길 경우 흘러내리지 않도록 머리망을 착용하거나 묶을 것**
손/손톱	**• 손에 상처가 없어야 하나, 상처가 있을 경우 보이지 않도록 할 것**(시험위원 확인 하에 추가 조치 가능) **• 손톱은 길지 않고 청결하며 매니큐어, 인조손톱 등을 부착하지 않을 것**
폐식용유 처리	**• 사용한 폐식용유는 시험위원이 지시하는 적재장소에 처리할 것**
교차오염	**• 교차오염 방지를 위한 칼, 도마 등 조리기구 구분 사용은 세척으로 대신하여 예방할 것** **• 조리기구에 이물질**(테이프 등)**을 부착하지 않을 것**
위생관리	**• 재료, 조리기구 등 조리에 사용되는 모든 것은 위생적으로 처리하여야 하며, 조리용으로 적합한 것일 것**
안전사고 발생 처리	**• 칼 사용**(손 빔) **등으로 안전사고 발생 시 응급조치를 하여야 하며, 응급조치에도 지혈이 되지 않을 경우 시험진행 불가**
눈금표시 조리도구	**• 눈금표시된 조리기구 사용 허용**(실격 처리되지 않음, 2022년부터 적용) (단, 눈금표시에 재어가며 재료를 써는 조리작업은 조리기술 및 숙련도 평가에 반영)
부정 방지	**• 위생복, 조리기구 등 시험장 내 모든 개인물품에는 수험자의 소속 및 성명 등의 표식이 없을 것**(위생복의 개인 표식 제거는 테이프로 부착 가능)
테이프 사용	**• 위생복 상의, 앞치마, 위생모의 소속 및 성명을 가리는 용도로만 허용**

* 위 내용은 안전관리인증기준(HACCP) 평가(심사) 매뉴얼, 위생등급 가이드라인 평가 기준 및 시행상의 운영사항을 참고하여 작성된 기준입니다.

수험자 지참 준비물

※ 2024년 기준. 큐넷 홈페이지[**국가자격시험 〉 실기시험 안내 〉 수험자 지참 준비물**]에서 최신 자료를 확인하세요.

- ☐ 가위 1ea
- ☐ 계량스푼 1ea
- ☐ 계량컵 1ea
- ☐ 국대접(기타 유사품 포함) 1ea
- ☐ 국자 1ea
- ☐ 냄비★ 1ea
- ☐ 도마★(흰색 또는 나무도마) 1ea
- ☐ 뒤집개 1ea
- ☐ 랩 1ea
- ☐ 마스크★ 1ea
- ☐ 면포/행주(흰색) 1장
- ☐ 밥공기 1ea
- ☐ 볼(bowl) 1ea
- ☐ 비닐팩(위생백, 비닐봉지 등 유사품 포함) 1장
- ☐ 상비의약품(손가락골무, 밴드 등) 1ea
- ☐ 쇠조리(혹은 체) 1ea
- ☐ 숟가락(차스푼 등 유사품 포함) 1ea
- ☐ 앞치마★(흰색, 남녀공용) 1ea
- ☐ 위생모★(흰색) 1ea
- ☐ 위생복★(상의-흰색, 긴소매 / 하의-긴바지, 색상 무관) 1벌
- ☐ 위생타올(키친타올, 휴지 등 유사품 포함) 1장
- ☐ 이쑤시개(산적꼬치 등 유사품 포함) 1ea
- ☐ 접시(양념접시 등 유사품 포함) 1ea
- ☐ 젓가락 1ea
- ☐ 종이컵 1ea
- ☐ 종지 1ea
- ☐ 주걱 1ea
- ☐ 집게 1ea
- ☐ 칼(조리용칼, 칼집포함) 1ea
- ☐ 호일 1ea
- ☐ 후라이팬★ 1ea

★ 시험장에도 준비되어 있음(도마 고정 보조용품(실리콘 등) 사용가능)

★ 위생복장(위생복, 위생모, 앞치마, 마스크)을 착용하지 않을 경우 채점대상에서 제외(실격)됩니다.

- 지참준비물의 수량은 최소 필요수량이므로 수험자가 필요시 추가 지참 가능
- 지참준비물은 일반적인 조리용으로 기관명, 이름 등 표시가 없는 것
- 지참준비물 중 수험자 개인에 따라 과제를 조리하는데 불필요하다고 판단되는 조리기구는 지참하지 않아도 무방
- 지참준비물 목록에는 없으나 조리에 직접 사용되지 않는 조리 주방용품(수저통 등)은 지참 가능
- 수험자지참준비물 이외의 조리기구를 사용한 경우 채점대상에서 제외(실격)

수험자 유의사항

1 만드는 순서에 유의하며, 위생과 숙련된 기능평가를 위하여 조리작업 시 맛을 보지 않습니다.

2 지정된 수험자지참준비물 이외의 조리기구나 재료를 시험장 내에 지참할 수 없습니다.

3 지급재료는 시험 전 확인하여 이상이 있을 경우 시험위원으로부터 조치를 받고 시험 중에는 재료의 교환 및 추가지급은 하지 않습니다.

4 요구사항 및 지급재료의 규격은 "정도"의 의미를 포함하며, 재료의 크기에 따라 가감하여 채점됩니다.

5 위생복, 위생모, 앞치마, 마스크를 착용하여야 하며, 시험장비·조리기구 취급 등 안전에 유의합니다.

6 다음 사항은 실격에 해당하여 채점 대상에서 제외됩니다.

① 수험자 본인이 시험 도중 시험에 대한 포기 의사를 표현하는 경우
② 위생복, 위생모, 앞치마, 마스크를 착용하지 않은 경우
③ 시험시간 내에 과제 두 가지를 제출하지 못한 경우
④ 문제의 요구사항대로 과제의 수량이 만들어지지 않은 경우
⑤ 완성품을 요구사항의 과제(요리)가 아닌 다른 요리(예 달걀말이→달걀찜)로 만든 경우
⑥ 불을 사용하여 만든 조리작품이 작품특성에서 벗어나는 정도로 타거나 익지 않은 경우
⑦ 해당과제의 지급재료 이외 재료를 사용하거나, 요구사항의 조리기구(석쇠 등)로 완성품을 조리하지 않은 경우
⑧ 지정된 수험자지참준비물 이외의 조리기술에 영향을 줄 수 있는 기구를 사용한 경우
⑨ 가스레인지 화구 2개 이상(2개 포함) 사용한 경우
⑩ 시험 중 시설·장비(칼, 가스레인지 등) 사용 시 시험위원 및 타수험자의 시험 진행에 위해를 일으킬 것으로 시험위원 전원이 합의하여 판단한 경우
⑪ 요구사항에 표시된 실격 및 부정행위에 해당하는 경우

7 항목별 배점은 위생상태 및 안전관리 5점, 조리기술 30점, 작품의 평가 15점입니다.

8 시험시작 전 가벼운 몸 풀기(스트레칭) 동작으로 긴장을 풀고 시험을 시작합니다.

20가지의 과제 중 2가지 과제가 선정됩니다.

주어진 시간 내에 2가지 과제를 만들어 제출하세요.

※ 재료 손질을 다 끝낸 다음 한번에 팬 작업을 합니다.
본 교재에서는 팬 작업 순서를 자세히 기술하였습니다.

해파리냉채

凉拌海蜇皮 凉서늘할량 拌뒤섞을반 海바다해 蜇해파리철 皮껍질피

짝꿍과제

요구사항

❶ 해파리는 염분을 제거하고 살짝 데쳐서 사용하시오.
❷ 오이는 0.2cm × 6cm 크기로 어슷하게 채를 써시오.
❸ 해파리와 오이를 섞어 마늘소스를 끼얹어 내시오.

과정 한눈에 보기

재료 세척 → 해파리 데치기 → 오이 썰기 → 양념 버무리기 → 완성

재료

해파리 150g / **오이**(가늘고 곧은 것, 20cm) 1/2개
마늘(중, 깐 것) 3쪽

식초 45ml / **흰설탕** 15g / **소금**(정제염) 7g
참기름 5ml

만드는 법

1 냄비에 데칠 물을 올린다.

2 해파리는 주물러 여러 번 씻어 염분을 빼고 찬물에 담가둔다.

3 냄비의 물 온도가 60~70℃가 되면 염분을 뺀 해파리를 살짝 데친 후 찬물에 담가둔다.

잠깐! 해파리는 너무 높은 온도에서 데치면 심하게 오그라들고 질겨지므로 온도에 주의하세요.

4 오이는 소금으로 비벼 씻은 후 0.2×6cm 크기로 어슷하게 채 썬다.

5

마늘을 다진다.

6

다진 마늘, 설탕 1큰술, 식초 1큰술, 소금, 참기름 약간을 섞어 마늘소스를 만든다.

7

물기를 제거한 해파리, 마늘소스, 오이채를 젓가락으로 버무려 접시에 보기 좋게 담아낸다.

합격포인트

1_ 해파리냉채는 제출 직전에 버무려 담아야 소스가 지나치게 흐르지 않고 깨끗하다.

2_ 데친 해파리에 식초를 넣어 주물러 주면 투명하고 부드러워진다.

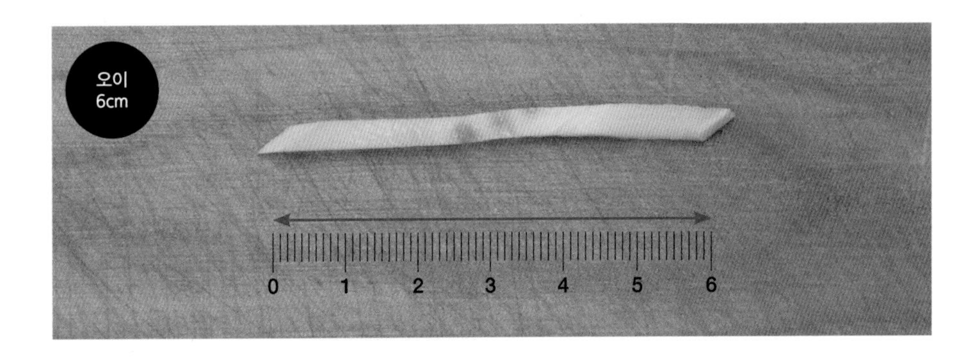

오징어냉채

凉拌魷魚 凉서늘할량 拌뒤섞을반 魷오징어우 魚물고기어

짝꿍과제

홍쇼두부 30분	64p
경장육사 30분	76p
새우볶음밥 30분	88p
울면 30분	84p

요구사항

❶ 오징어 몸살은 종횡으로 칼집을 내어 3~4cm로 썰어 데쳐서 사용하시오.
❷ 오이는 얇게 3cm 편으로 썰어 사용하시오.
❸ 겨자를 숙성시킨 후 소스를 만드시오.

과정 한눈에 보기

재료 세척 → 겨자 발효 → 오징어 썰어 데치기 → 겨자 버무리기 → 완성

재료

갑오징어살(오징어 대체 가능) 100g
오이(가늘고 곧은 것, 20cm) 1/3개

식초 30ml / **흰설탕** 15g / **소금**(정제염) 2g
참기름 5ml / **겨자** 20g

만드는 법

1 냄비에 데칠 물을 올린다.

2 그릇에 겨자가루 1큰술과 따뜻한 물 1큰술을 개어 끓는 냄비 뚜껑 위에 올려 발효시킨다.

3 오이는 반을 갈라 3cm 길이의 얇은 편으로 썬다.

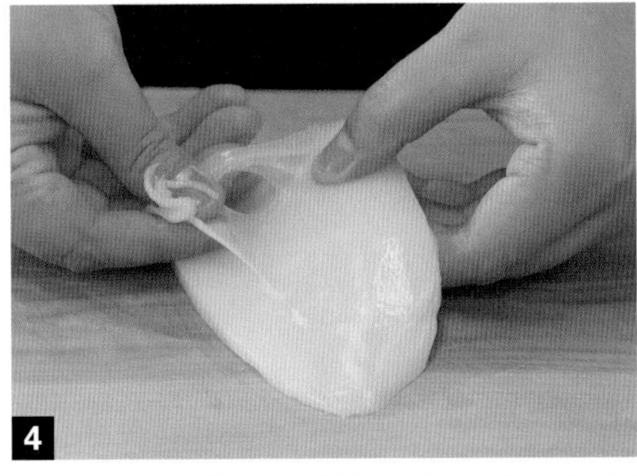

4 갑오징어는 배를 갈라 내장을 제거한 후 몸통 껍질을 앞뒤로 벗긴다.

잠깐! 갑오징어살만 나오던지 물오징어가 나올 수도 있습니다.

5

껍질을 제거한 오징어를 종횡으로 칼집을 넣어 3~4cm 크기로 썬다.

잠깐! 갑오징어의 경우 물오징어보다 두꺼워서 칼집을 깊게 내야 합니다.

6

손질한 오징어를 끓는 물에 데치고 찬물에 헹군다.

7

발효시킨 겨자에 설탕 1큰술, 식초 1큰술, 소금, 물 약간, 참기름을 넣어 겨자소스를 만든다.

8

완성접시에 오이와 오징어를 섞어 보기 좋게 담고 겨자소스를 위에 버무려 낸다.

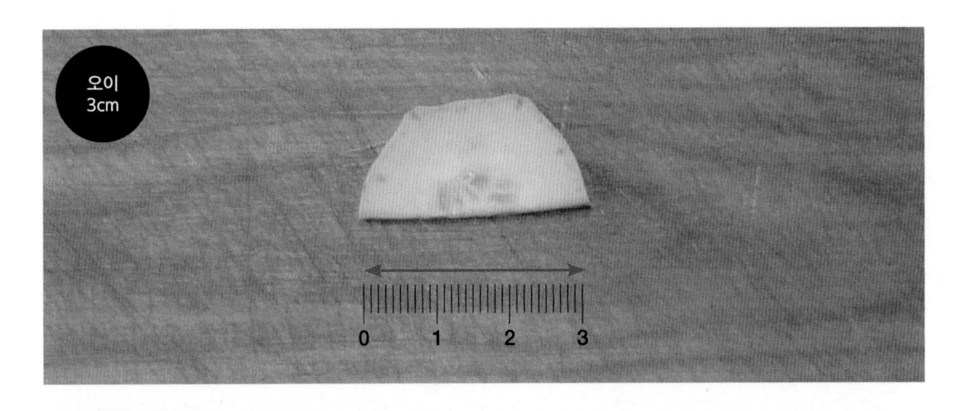

합격포인트

1_ 오징어는 오래 익히면 질겨진다.
2_ 오징어 칼집은 안쪽에 간격과 깊이를 일정하게 하여 썰어야 모양이 좋다.
3_ 오징어냉채는 제출직전에 겨자소스를 버무려 제출한다.

부추잡채

炒韭菜 炒볶을초 韭부추구 菜나물채

짝꿍과제

깐풍기 30分	72p
탕수육 30分	55p
경장육사 30分	76p
홍쇼두부 30分	64p

요구사항

❶ 부추는 6cm 길이로 써시오.
❷ 고기는 0.3cm × 6cm 길이로 써시오.
❸ 고기는 간을 하여 기름에 익혀 사용하시오.

과정 한눈에 보기

재료 세척 → 재료 썰기 → 재료 볶기 → 완성

재료

부추(중국부추) 120g / **돼지등심**(살코기) 50g
달걀 1개

청주 15ml / **소금**(정제염) 5g / **참기름** 5ml
식용유 100ml / **녹말가루**(감자전분) 30g

만드는 법

1 부추는 6cm 길이로 썰고, 흰 줄기와 푸른 잎 부분으로 나누어 놓는다.

잠깐! 중국부추는 흰부분이 단단해서 잎부분과 익는 속도가 달라요. 구분해서 사용합니다.

2 돼지고기는 핏물을 제거하고 0.3×6cm로 채 썬다.

3 채 썬 돼지고기에 소금, 청주 1작은술로 밑간하고 달걀흰자 1/2큰술, 녹말가루 1/2큰술을 넣어 버무린다.

4 팬에 기름 4큰술을 넣고 **3**의 돼지고기를 기름에 볶듯이 젓가락으로 저어가며 부드럽게 데친다.

잠깐! 온도가 높으면 고기가 덩어리집니다. 기름의 온도가 높지 않은 상태에서 젓가락으로 풀어서 익히세요.

5

팬에 기름을 두르고 흰 줄기 부분을 먼저 볶다가 청주 1작은술을 넣고 데친 돼지고기, 부추 푸른 부분, 소금, 참기름을 넣고 가볍게 볶은 후 완성 접시에 담아낸다.

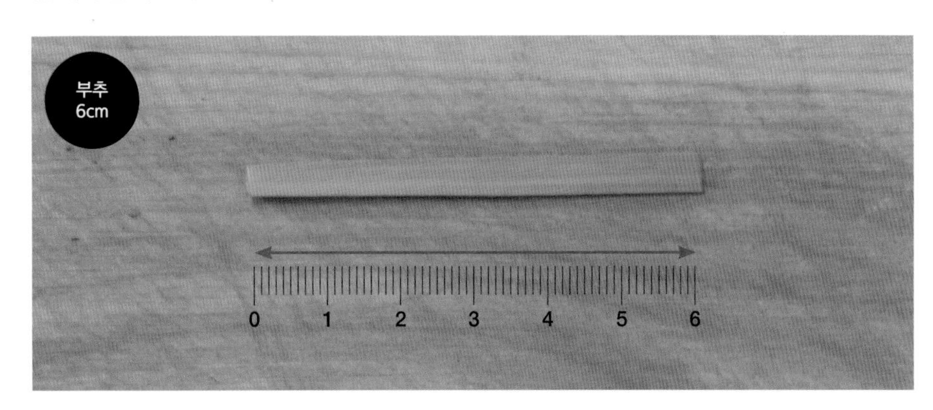

합격포인트

1_ **부추는 오래 볶지 않아야 색이 선명하다.**

2_ **부추는 흰 부분과 푸른 잎 부분으로 구분하여 볶아준다.**

고추잡채

靑椒肉絲 靑푸를청 椒향기초 肉고기육 絲실사

짝꿍과제

홍쇼두부 30분	64p
유니짜장면 30분	80p
라조기 30분	68p

요구사항

❶ 주재료 피망과 고기는 5cm의 채로 써시오.

❷ 고기는 간을 하여 기름에 익혀 사용하시오.

과정 한눈에 보기

재료 세척 → 재료 썰기 → 재료 볶기 → 완성

재료

돼지등심(살코기) 100g / **청피망**(중, 75g) 1개
달걀 1개 / **죽순**(통조림, 고형분) 30g
건표고버섯(지름 5cm, 물에 불린 것) 2개
양파(중, 150g) 1/2개

청주 5ml / **녹말가루**(감자전분) 15g / **참기름** 5ml
식용유 150ml / **소금**(정제염) 5g / **진간장** 15ml

만드는 법

1 냄비에 데칠 물을 올린다.

2 물이 끓으면 죽순과 표고를 데친다.

3 청피망, 양파는 5cm 길이로 일정하게 채 썬다.

4 표고버섯은 얇게 포 뜬 후 5cm 길이로 채 썬다.

5

죽순은 빗살무늬를 제거하고 채 썬다.

6

돼지고기는 핏물을 제거하고 5cm 길이로 채 썬다.

7

채 썬 돼지고기에 청주, 간장 1작은술로 밑간하고 달걀흰자 1작은술, 녹말가루 1작은술을 넣어 버무린다.

8

팬에 기름 4큰술을 넣고 7의 돼지고기를 기름에 볶듯이 젓가락으로 저어가며 부드럽게 데친다.

잠깐! 온도가 높으면 고기가 덩어리집니다. 기름의 온도가 높지 않은 상태에서 젓가락으로 풀어서 익히세요.

9

팬에 기름을 두르고 양파, 죽순, 표고 순으로 넣어 볶다가 간장, 청주를 넣어 볶는다.

10

9에 돼지고기, 청피망을 넣고 소금으로 간을 하고 살짝 볶은 후 참기름을 넣고 섞는다.

완성접시에 보기 좋게 담아낸다.

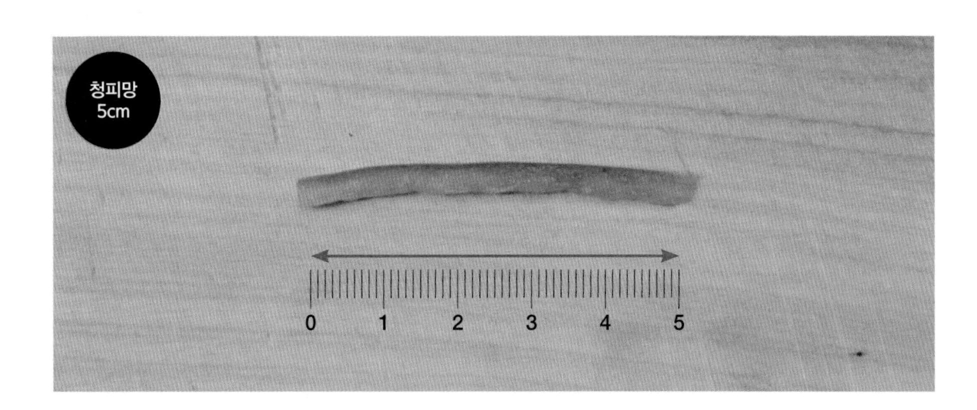

합격포인트

1_ **일정하게 재료를 채 썬다.**
2_ **피망을 너무 오래 볶지 않는다.**

채소볶음

炒蔬菜 炒볶을초 蔬푸성귀소 菜나물채

짝꿍과제

라조기 30분	68p
울면 30분	84p
유니짜장면 30분	80p
난자완스 25분	44p

요구사항

❶ 모든 채소는 길이 4cm의 편으로 써시오.

❷ 대파, 마늘, 생강을 제외한 모든 채소는 끓는물에 살짝 데쳐서 사용하시오.

과정 한눈에 보기

재료 세척 → 재료 데치기 → 볶기 → 완성

재료

청경채 1개 / **대파**(흰부분, 6cm) 1토막 / **당근** 50g
죽순(통조림, 고형분) 30g / **청피망**(중, 75g 정도) 1/3개
건표고버섯(지름 5cm, 물에 불린 것) 2개
마늘(중, 깐 것) 1쪽 / **생강** 5g / **셀러리** 30g
양송이(통조림, 큰 것) 2개

식용유 45ml / **소금**(정제염) 5g / **진간장** 5ml / **청주** 5ml
참기름 5ml / **흰후춧가루** 2g / **녹말가루**(감자전분) 20g

만드는 법

1 냄비에 물을 올린다.

2 마늘, 생강, 양송이는 편으로 썬다.

3 섬유질을 제거한 셀러리, 청경채, 대파는 4cm의 편으로 썬다.

4 표고버섯, 당근, 죽순, 피망은 4cm의 편으로 썬다.

물이 끓으면 소금을 약간 넣고 표고버섯, 당근, 죽순, 피망, 셀러리, 청경채, 양송이를 데치고 찬물에 헹군 후 물기를 제거한다.

잠깐! 향신채(대파, 마늘, 생강)를 제외하고 모두 데칩니다.

녹말가루 1큰술, 물 2큰술을 섞어 물녹말을 만든다.

팬에 기름을 두르고 대파, 마늘, 생강을 넣고 볶다가 간장 1/2작은술, 청주 1작은술을 넣는다.

7에 표고버섯, 양송이, 죽순, 당근을 넣어 볶다가 물 1/4컵을 넣고 끓으면 셀러리, 청경채, 피망을 넣고 소금, 흰후춧가루로 간을 한다.

물녹말로 8의 농도를 맞추고 참기름을 넣어 섞은 후 완성접시에 담아낸다.

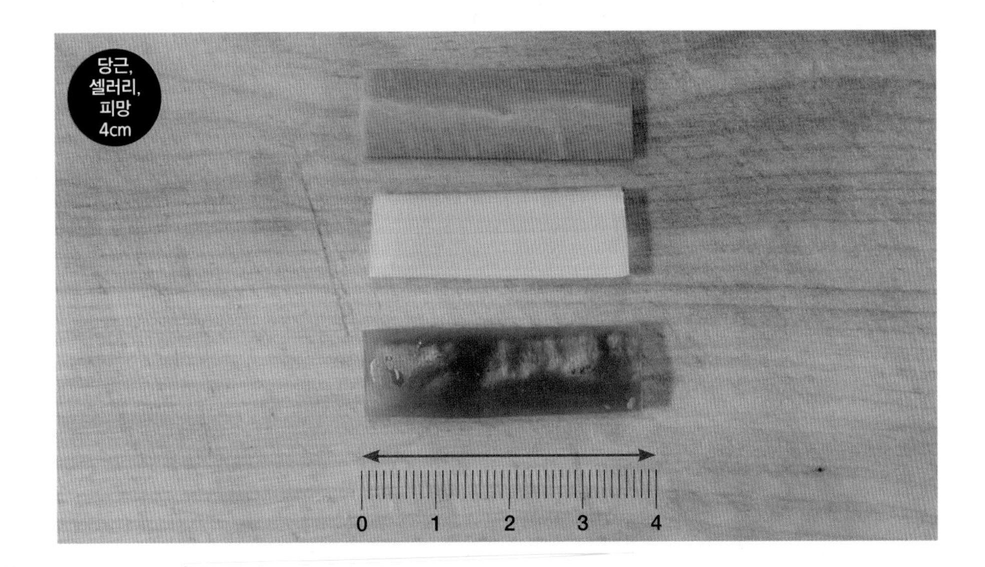

합격포인트

1_ 간장은 적게 넣어 채소의 색이 선명하게 한다.

2_ 물녹말은 뭉치지 않게 한다.

새우케첩볶음

蕃茄蝦仁 蕃많을번 茄연줄기가 蝦새우하 仁자애로울인

짝꿍과제

탕수육 30분	55p
울면 30분	84p
빠스고구마 25분	52p

요구사항

❶ 새우 내장을 제거하시오.

❷ 당근과 양파는 1cm 크기의 사각으로 써시오.

과정 한눈에 보기

재료 세척 → 재료 썰기 → 새우 튀김옷 입혀 튀기기 → 소스 버무리기 → 완성

재료

작은새우살(내장이 있는 것) 200g / **달걀** 1개
당근 30g / **양파**(중, 150g) 1/6개 / **생강** 5g
대파(흰부분, 6cm) 1토막 / **완두콩** 10g

녹말가루(감자전분) 100g / **토마토케첩** 50g
청주 30ml / **소금**(정제염) 2g / **진간장** 15ml
흰설탕 10g / **식용유** 800ml / **이쑤시개** 1개

만드는 법

1 냄비에 물을 올린다.

2 물이 끓으면 완두콩을 데친다.

3 생강은 편으로 썬다.

4 대파, 당근, 양파는 사방 1cm 크기로 썬다.

새우는 내장을 제거하고 소금, 청주 1작은술로 간을 한다.

튀김기름을 올린다.

달걀흰자 1큰술에 녹말가루 2~3큰술을 넣어 튀김옷을 만든다.

새우에 튀김옷을 입히고 160~170℃ 튀김기름에서 2번 바삭하게 튀긴다.

잠깐! 너무 작은 새우가 나오면 2~3개를 뭉쳐서 튀기세요.

녹말가루 1큰술, 물 2큰술을 섞어 물녹말을 만든다.

팬에 기름을 두르고 대파, 생강을 볶다가 청주, 간장을 넣는다.

11

⑩에 양파, 당근을 넣고 살짝 볶다가 케첩 3큰술을 넣어 신맛을 날리고 설탕 1큰술, 물 1/3컵을 넣어 끓어오르면 완두콩을 넣고 물녹말로 농도를 맞춘다.

잠깐! 물녹말은 한꺼번에 넣지 말고 조금씩 넣으면서 농도를 맞춰주세요.

12

튀긴 새우를 넣고 버무려 완성접시에 담아낸다.

합격포인트

1_ **바삭하게 2번 튀겨낸다.**
2_ **채소의 규격을 일정하게 맞추어 사용한다.**
3_ **농도와 색깔에 주의한다.**

마파두부

麻婆豆腐 麻삼마 婆할미파 豆콩두 腐썩을부

짝꿍과제

빠스옥수수 25분	48p
난자완스 25분	44p
깐풍기 30분	72p
탕수육 30분	55p
울면 30분	84p

요구사항

❶ 두부는 1.5cm의 주사위 모양으로 써시오.
❷ 두부가 으깨어지지 않게 하시오.
❸ 고추기름을 만들어 사용하시오.
❹ 홍고추는 씨를 제거하고 0.5cm × 0.5cm로 써시오.

과정 한눈에 보기

재료 세척 → 재료 썰기 → 두부 데치기 → 고추기름 만들기 → 끓이기 → 완성

재료

두부 150g / **마늘**(중, 깐 것) 2쪽 / **생강** 5g
대파(흰부분, 6cm) 1토막 / **홍고추**(생) 1/2개
돼지등심(다진 살코기) 50g

두반장 10g / **검은후춧가루** 5g / **흰설탕** 5g
녹말가루(감자전분) 15g / **참기름** 5ml / **식용유** 60ml
진간장 10ml / **고춧가루** 15g

만드는 법

1 냄비에 데칠 물을 올린다.

2 두부는 사방 1.5cm 주사위 모양으로 썰고 물이 끓으면 두부를 데친다.

잠깐! 두부는 데친 후 찬물에 헹구지 않으면 부서지기 쉽습니다.

3 마늘, 생강은 다진다.

4 대파는 속대를 제거하고 다지고, 홍고추는 씨를 제거하고 0.5cm로 다진다.

5

돼지고기는 기름과 핏물을 제거한다.

잠깐! 다진 고기가 주어지지만 한 번 더 다져서 사용하면 입자가 일정하고 뭉침이 덜합니다.

6

팬에 식용유 3큰술, 고춧가루 1큰술을 넣고 저어 고추기름을 만들어 체에 내린다.

잠깐! 체에 키친타올을 깔고 고추기름을 내리면 더 깨끗한 고추기름을 만들 수 있습니다.

7

녹말가루 1큰술, 물 2큰술을 섞어 물녹말을 만든다.

8

팬에 고추기름을 1~2큰술 두르고 파, 마늘, 생강, 홍고추를 넣고 볶다가 간장을 넣고 돼지고기를 넣어 볶는다.

9

8에 두반장 1큰술, 설탕 1작은술, 검은후춧가루, 물 1컵을 넣는다.

10

끓으면 두부를 넣고 물녹말로 농도를 맞춘 후 참기름을 넣어 고루 섞은 후 완성접시에 담아낸다.

합격포인트

1_ 두부가 부서지지 않게 조리한다.
2_ 반드시 고추기름을 만들어 사용한다.
3_ 소스의 농도와 색에 유의한다.

난자완스

南煎丸子 南남녘남 煎달일전 丸알환 子아들자

짝꿍과제

마파두부 25분	40p
부추잡채 20분	25p
채소볶음 25분	32p
유니짜장면 30분	80p

요구사항

❶ 완자는 지름 4cm로 둥글고 납작하게 만드시오.
❷ 완자는 손이나 수저로 하나씩 떼어 팬에서 모양을 만드시오.
❸ 채소는 4cm 크기의 편으로 써시오(단, 대파는 3cm 크기).
❹ 완자는 갈색이 나도록 하시오.

과정 한눈에 보기

재료 세척 → 재료 썰기 → 완자 만들어 튀기기 → 볶기 → 끓이기 → 완성

재료

돼지등심(다진 살코기) 200g / **마늘**(중, 깐 것) 2쪽
대파(흰부분, 6cm) 1토막 / **달걀** 1개
죽순(통조림, 고형분) 50g
건표고버섯(지름 5cm, 물에 불린 것) 2개 / **생강** 5g
청경채 1포기

소금(정제염) 3g / **녹말가루**(감자전분) 50g
검은후춧가루 1g / **진간장** 15ml / **청주** 20ml
참기름 5ml / **식용유** 800ml

만드는 법

1 냄비에 데칠 물을 올린다.

2 마늘, 생강은 편으로 썰고, 대파는 반을 갈라 3cm 편으로 썬다.

3 물이 끓으면 죽순을 데치고 4cm 정도 편으로 썬다.

4 표고버섯, 청경채는 4cm 편으로 썬다.

다진 돼지고기는 핏물을 제거하고 간장 1작은술, 청주 1작은술, 소금, 검은후춧가루로 밑간한 다음 달걀물을 3큰술, 녹말가루 1큰술을 넣은 후 젓가락을 이용해 섞어준다.

팬에 기름을 넉넉히 두르고 약한 불에서 고기반죽을 손으로 쥐어 위로 놀려 짜며 숟가락으로 동그랗게 모양을 만들어 지진다.

완자를 숟가락으로 눌러가며 지름이 4cm가 되도록 하고, 앞뒤로 고기가 익을 때까지 지져놓는다.

완자를 지진 팬에 기름을 넉넉히 더 넣고 달궈지면 **7**의 완자를 갈색이 나도록 튀긴다.

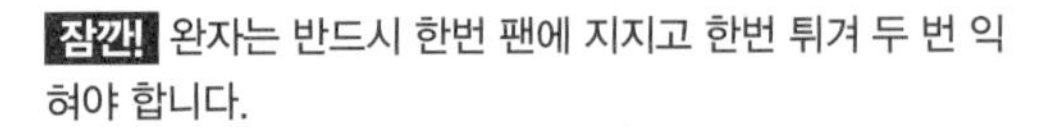

잠깐! 완자는 반드시 한번 팬에 지지고 한번 튀겨 두 번 익혀야 합니다.

녹말가루 1큰술, 물 2큰술을 섞어 물녹말을 만든다.

팬에 기름을 두르고 대파, 마늘, 생강을 볶아 향을 낸 후 간장 1큰술, 청주 1큰술을 넣고 표고버섯, 죽순을 넣어 볶는다.

10에 물 1컵을 넣고 끓어오르면 완자, 청경채, 후춧가루를 넣고 물녹말로 농도를 맞춘 후 참기름을 넣어 고루 섞어 완성접시에 담아낸다.

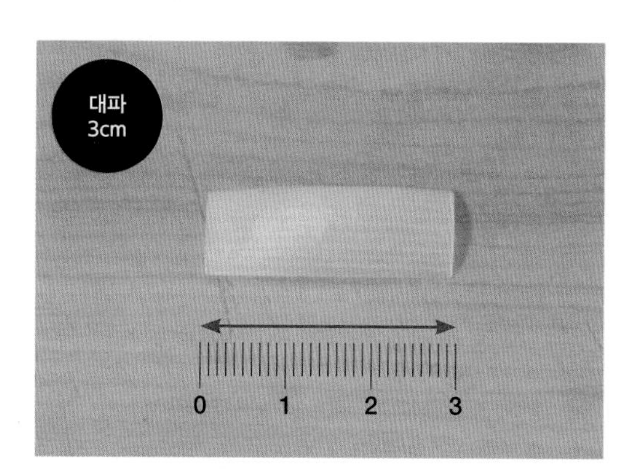

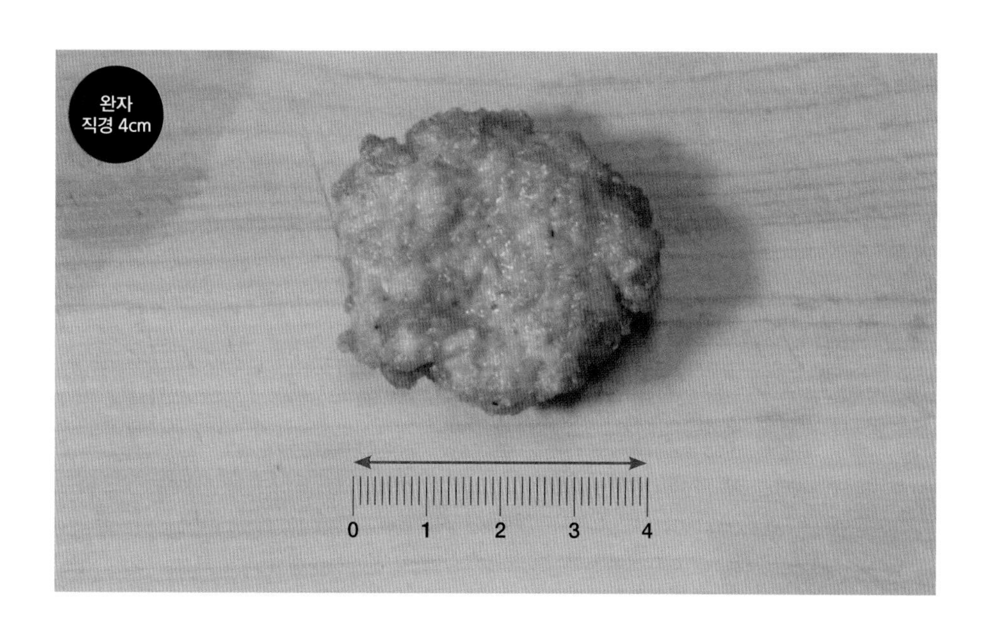

합격포인트

1_ 완자는 두 번 튀기고 갈색이 나도록 튀긴다.
2_ 소스의 농도와 색에 유의한다.
3_ 완자는 숟가락으로 팬에서 모양을 내야 한다.

빠스옥수수

拔絲玉米 拔빼빨 絲실사 玉보석옥 米쌀미

짝꿍과제

마파두부 25분	40p
깐풍기 30분	72p
탕수육 30분	55p
양장피잡채 35분	91p
유니짜장면 30분	80p

요구사항

❶ 완자의 크기를 지름 3cm 공 모양으로 하시오.
❷ 땅콩은 다져 옥수수와 함께 버무려 사용하시오.
❸ 설탕시럽은 타지 않게 만드시오.
❹ 빠스옥수수는 6개 만드시오.

과정 한눈에 보기

재료 세척 → 재료 다져 섞기 → 모양 만들기 → 튀기기 → 시럽 버무리기 → 완성

재료

옥수수(통조림, 고형분) 120g / **땅콩** 7알 / **달걀** 1개
밀가루(중력분) 80g

흰설탕 50g / **식용유** 500ml

만드는 법

1 튀김 팬에 기름을 넉넉히 올린다.

2 땅콩은 껍질을 제거하고 굵게 다진다.

3 옥수수는 체에 받쳐 물기를 제거하고 다진다.

4 다진 옥수수에 달걀노른자 1/2큰술, 밀가루 2~3큰술, 다진 땅콩을 넣어 약간 되직하게 반죽한다.

잠깐! 반죽에 밀가루가 너무 많이 들어가면 속이 잘 익지 않으니 반죽에 신경쓰세요.

5

기름이 160℃ 정도로 달궈지면 4의 반죽을 왼손에 쥐고 숟가락으로 지름이 3cm되는 동그란 완자 6개를 만들어 노릇하게 튀겨낸다.

6

팬에 설탕 3큰술, 식용유 1큰술을 넣어 녹이고 연한 갈색이 나도록 시럽을 만든다.

잠깐! 설탕을 팬에 넓게 펼쳐서 뿌려 넣고 설탕이 반 이상 녹으면 저어서 빠르게 설탕을 모두 녹여주세요.

7

6에 튀긴 옥수수 완자를 넣고 찬물 1작은술을 넣어 재빠르게 버무린다.

잠깐! 식용유 바른 접시에 시럽에 버무린 옥수수 완자를 펼쳐 식힌 후 완성접시에 담으면 좋아요.

8

완성접시에 붙지 않도록 보기 좋게 담아낸다.

합격포인트

1_ 옥수수 완자를 속까지 고루 익히도록 한다.
2_ 완자는 요구사항에 맞게 일정하게 만든다.
3_ 시럽의 색이 너무 진하지 않은 황금색이 나도록 한다.

빠스고구마

拔絲地瓜 拔빨발 絲실사 地땅지 瓜오이과

짝꿍과제

깐풍기 30분	72p
경장육사 30분	76p
새우케첩볶음 25분	36p
탕수생선살 30분	59p
난자완스 25분	44p

요구사항

❶ 고구마는 껍질을 벗기고 먼저 길게 4등분을 내고, 다시 4cm 길이의 다각형으로 돌려썰기 하시오.

❷ 튀김이 바삭하게 되도록 하시오.

과정 한눈에 보기

재료 세척 → 고구마 썰기 → 튀기기 → 시럽 버무리기 → 완성

재료

고구마(300g) 1개

식용유 1000ml / **흰설탕** 100g

만드는 법

1 튀김 팬에 기름을 넉넉히 올린다.

2 고구마의 껍질을 벗기고 길게 4등분을 내고 다시 4cm 정도 길이의 다각형으로 돌려썰기하고 찬물에 담가 전분기를 제거한다.

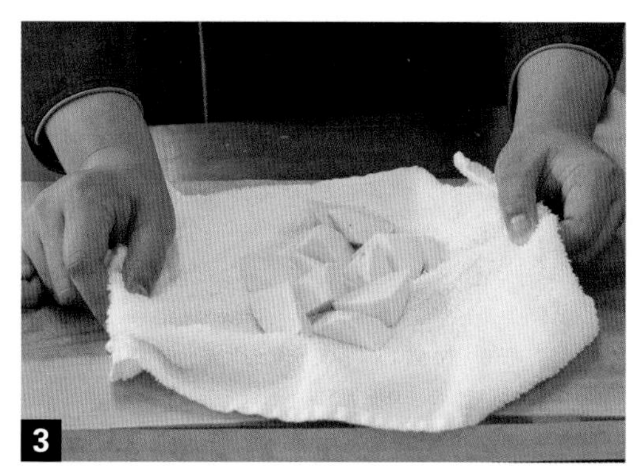

3 고구마의 물기를 제거한다.

4 기름이 160℃ 정도로 달궈지면 고구마를 황금색이 나도록 튀긴다.

잠깐! 기름이 튀어 다칠 수 있으니 물기를 완전히 제거한 후에 튀기세요.

5

팬에 설탕 3큰술, 식용유 1큰술을 넣어 녹이고 시럽이 연한 갈색이 나도록 만든다.

잠깐! 설탕을 팬에 넓게 펼쳐서 뿌려 넣고 설탕이 반 이상 녹으면 저어서 빠르게 설탕을 모두 녹여주세요.

6

5에 튀긴 고구마를 넣고 찬물 1작은술을 넣어 재빠르게 버무린다.

잠깐! 식용유 바른 접시에 시럽에 버무린 고구마를 펼쳐 식힌 후 완성접시에 담으면 좋아요.

7

완성접시에 붙지 않도록 보기 좋게 담아낸다.

합격포인트

1_ **고구마가 황금색이 나도록 튀긴다.**
2_ **전체적으로 골고루 시럽이 고구마에 묻도록 한다.**
3_ **시럽의 색이 너무 진하지 않은 황금색이 나도록 한다.**

탕수육

糖醋肉 糖사탕당 醋식초초 肉고기육

짝꿍과제

요구사항

❶ 돼지고기는 길이 4cm, 두께 1cm의 긴 사각형 크기로 써시오.
❷ 채소는 편으로 써시오.
❸ 앙금녹말을 만들어 사용하시오.
❹ 소스는 달콤하고 새콤한 맛이 나도록 만들어 돼지고기에 버무려 내시오.

과정 한눈에 보기

재료 세척 → 앙금녹말 → 재료 썰기 → 고기 튀김옷 입혀 튀기기 → 소스 만들기 → 버무리기 → 완성

재료

돼지등심(살코기) 200g / **달걀** 1개
대파(흰부분, 6cm) 1토막 / **당근** 30g
완두(통조림) 15g / **오이**(가늘고 곧은 것, 20cm) 1/4개
건목이버섯 1개 / **양파**(중, 150g) 1/4개

진간장 15ml / **녹말가루**(감자전분) 100g
식용유 800ml / **식초** 50ml / **청주** 15ml
흰설탕 100g

만드는 법

1 냄비에 데칠 물을 올린다.

2 녹말가루 1/2컵과 물 1/2컵을 섞어 앙금녹말을 만든다.

잠깐! 앙금녹말은 금방 만들어지지 않고 시간이 좀 걸리므로 시험장에서는 무엇보다 제일 먼저 만들어 놓으세요.

3 목이버섯은 따뜻한 물에 불린다.

4 물이 끓으면 완두콩을 데친다.

튀김 팬에 기름을 넉넉히 올린다.

오이, 당근, 양파, 대파는 3cm 정도 편으로 썰고, 목이버섯은 손으로 적당한 크기로 뜯는다.

돼지고기는 4×1×1cm의 막대 형태로 썰어 간장, 청주로 밑간한다.

2의 뜬 물을 따라 버리고 가라앉은 앙금녹말에 달걀흰자를 섞어 튀김옷을 만든다.

밑간한 돼지고기에 튀김옷을 버무리고 기름이 160℃ 정도로 달궈지면 바삭하게 2번 튀겨낸다.

녹말가루 1큰술, 물 2큰술을 섞어 물녹말을 만든다.

11

간장 1큰술, 설탕 4큰술, 식초 4큰술, 물 1컵을 넣어 탕수소스를 만든다.

12

팬에 기름을 두르고 대파, 양파, 당근, 목이, 완두콩 순으로 재료를 넣고 볶는다.

13

⑫에 탕수소스를 넣고 끓어오르면 물녹말을 넣어 농도를 맞추고 오이를 넣어 완성한다.

잠깐! 오이는 오래 익히면 색이 변하고 물러지므로 맨 마지막에 넣습니다.

14

튀긴 돼지고기를 탕수소스에 버무려 완성접시에 담아낸다.

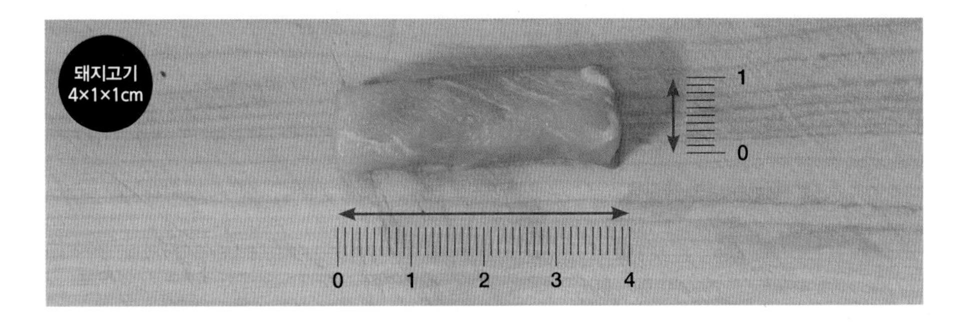

합격포인트

1_ 앙금녹말을 만들어서 튀김옷을 만든다.
2_ 소스의 농도와 색에 유의한다.
3_ 돼지고기와 채소의 크기를 일정하게 썬다.

탕수생선살

糖醋魚塊 糖사탕당 醋식초초 魚물고기어 塊덩어리괴

짝꿍과제

빠스고구마 25분	52p
빠스옥수수 25분	48p
마파두부 25분	40p

요구사항

❶ 생선살은 1cm × 4cm 크기로 썰어 사용하시오.
❷ 채소는 편으로 썰어 사용하시오.
❸ 소스는 달콤하고 새콤한 맛이 나도록 만들어 튀긴 생선에 버무려 내시오.

과정 한눈에 보기

재료 세척 → 재료 썰기 → 생선 튀김옷 입혀 튀기기 → 소스 만들기 → 버무리기 → 완성

재료

흰생선살(껍질 벗긴 것, 동태 또는 대구) 150g
당근 30g / **오이**(가늘고 곧은 것, 20cm) 1/6개
완두콩 20g / **파인애플**(통조림) 1쪽 / **건목이버섯** 1개
달걀 1개 / **녹말가루**(감자전분) 100g

식용유 600ml / **식초** 60ml / **흰설탕** 100g
진간장 30ml

만드는 법

1 냄비에 데칠 물을 올린다.

2 녹말가루 1/2컵과 물 1/2컵을 섞어 앙금녹말을 만든다.

잠깐! 앙금녹말은 금방 만들어지지 않고 시간이 좀 걸리므로 시험장에서는 무엇보다 제일 먼저 만들어 놓으세요.

3 목이버섯은 따뜻한 물에 불린다.

4 물이 끓으면 완두콩을 데친다.

5

튀김 팬에 기름을 넉넉히 올린다.

6

오이, 당근은 3cm 정도 편으로 썰고, 파인애플은 8등분하고, 목이버섯은 손으로 적당한 크기로 뜯는다.

7

생선살은 수분을 제거하고 1×1×4cm의 막대 형태로 썬다.

8

2의 뜬 물을 따라 버리고 가라앉은 앙금녹말에 달걀흰자를 섞어 튀김옷을 만든다.

9

생선살에 튀김옷을 입히고 기름이 160℃ 정도로 달궈지면 바삭하게 2번 튀겨낸다.

10

녹말가루 1큰술, 물 2큰술을 섞어 물녹말을 만든다.

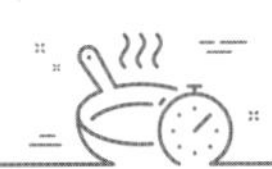

간장 1큰술, 설탕 4큰술, 식초 4큰술, 물 1컵을 넣어 탕수소스를 만든다.

팬에 기름을 두르고 당근, 목이버섯, 파인애플, 완두콩 순으로 재료를 넣고 볶는다.

⑫에 탕수소스를 넣고 끓어오르면 물녹말을 넣어 농도를 맞추고 오이를 넣어 완성한다.

잠깐! 오이는 오래 익히면 색이 변하고 물러지므로 맨 마지막에 넣습니다.

튀긴 생선살을 탕수소스에 버무려 완성접시에 담아낸다.

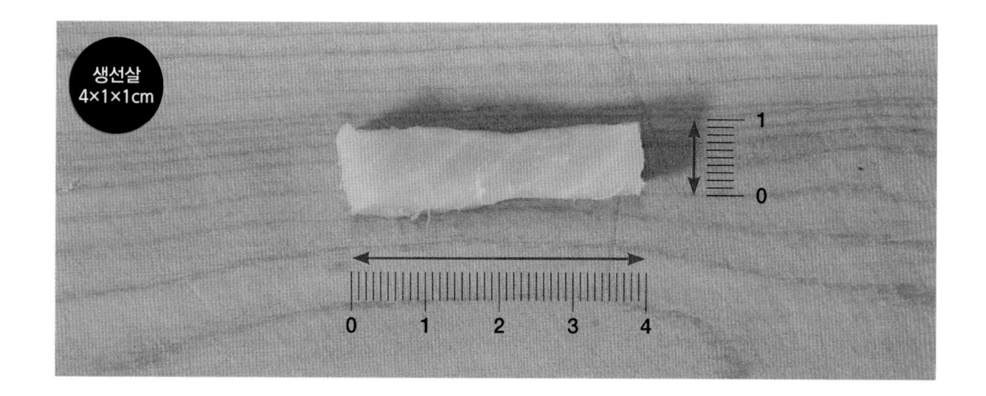

합격포인트

1_ 앙금녹말을 만들어서 튀김옷을 만든다.
2_ 소스의 농도와 색에 유의한다.
3_ 생선살은 수분이 많으면 잘 부서지므로 수분 제거에 유의한다.

홍쇼두부

紅燒豆腐 紅붉을홍 燒익힐소 豆콩두 腐썩을부

짝꿍과제

과제	페이지
고추잡채 25분	28p
부추잡채 20분	25p
해파리냉채 20분	18p
빠스옥수수 25분	48p
유니짜장면 30분	80p

요구사항

❶ 두부는 가로와 세로 5cm, 두께 1cm의 삼각형 크기로 써시오.
❷ 채소는 편으로 써시오.
❸ 두부는 으깨어지거나 붙지 않게 하고 갈색이 나도록 하시오.

과정 한눈에 보기

재료 세척 → 재료 썰기 → 두부 튀기기 → 볶기 → 끓이기 → 완성

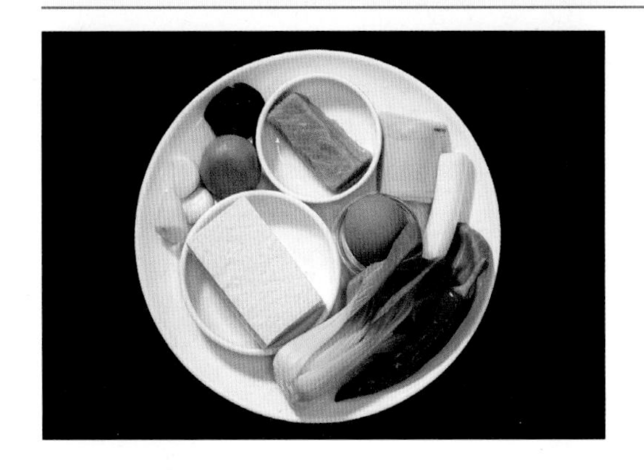

재료

두부 150g / **돼지등심**(살코기) 50g
건표고버섯(지름 5cm, 물에 불린 것) 1개
죽순(통조림, 고형분) 30g / **마늘**(중, 깐 것) 2쪽
생강 5g / **청경채** 1포기 / **대파**(흰부분, 6cm) 1토막
홍고추(생) 1개 / **양송이**(통조림, 큰 것) 1개 / **달걀** 1개

진간장 15ml / **녹말가루**(감자전분) 10g / **청주** 5ml
식용유 500ml / **참기름** 5ml

만드는 법

1 냄비에 데칠 물을 올린다.

2 두부는 사방 5cm, 두께 1cm의 삼각형으로 썰어 물기를 제거한다.

3 마늘, 생강은 편으로 썰고, 대파는 4cm 정도 편으로 썬다.

4 죽순, 청경채, 표고버섯은 4cm 정도 편으로 썬다.

5

양송이는 편으로 썰고, 홍고추는 반을 갈라 씨를 제거하고 4cm 정도 편으로 썬다.

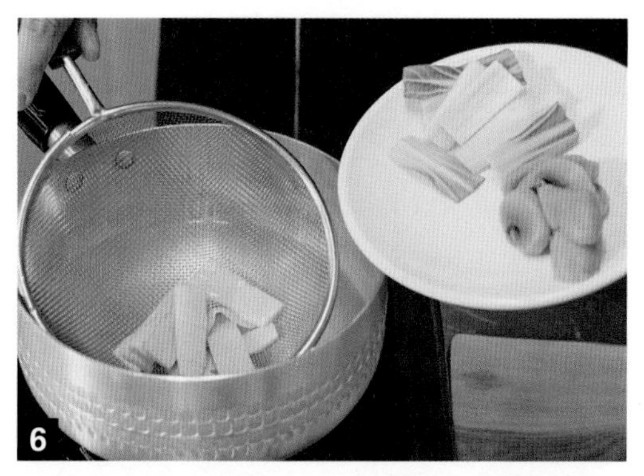

6

물이 끓으면 청경채, 죽순, 양송이를 데친다.

7

돼지고기는 핏물을 제거하고 채소들과 비슷한 크기의 편으로 썰어 청주, 간장으로 밑간하고 달걀흰자, 녹말가루로 버무린다.

8

팬에 기름 4큰술을 넣고 돼지고기를 기름에 볶듯이 부드럽게 데친다.

9

8의 팬에 기름을 넉넉히 더 두르고 두부를 노릇하게 튀긴다.

잠깐! 튀김 팬에 기름을 옮겨 두부를 튀겨도 됩니다.

10

녹말가루 1큰술, 물 2큰술을 섞어 물녹말을 만든다.

팬에 기름을 두르고 마늘, 생강, 대파를 넣고 향을 낸 후 간장 1큰술, 청주 1큰술로 간을 하고 표고버섯, 양송이, 죽순, 홍고추, 청경채 순으로 볶다가 물 1컵을 넣는다.

11에 돼지고기와 두부를 넣고 물녹말로 농도를 맞춘 후 참기름을 넣어 고루 섞어 완성접시에 담아낸다.

합격포인트

1_ **두부는 으깨지지 않도록 하고 기름에 노릇하게 튀겨낸다.**

2_ **채소의 크기를 일정하게 하고 소스의 농도에 유의한다.**

라조기

辣椒鷄 辣매울랄 椒산초나무초 鷄닭계

짝꿍과제

과제	페이지
채소볶음 25분	32p
해파리냉채 20분	18p
고추잡채 25분	28p

요구사항

❶ 닭은 뼈를 발라낸 후 5cm × 1cm의 길이로 써시오.
❷ 채소는 5cm × 2cm의 길이로 써시오.

과정 한눈에 보기

재료 세척 → 재료 썰기 → 닭 튀김옷 입혀 튀기기 → 볶기(고추기름) → 끓이기 → 완성

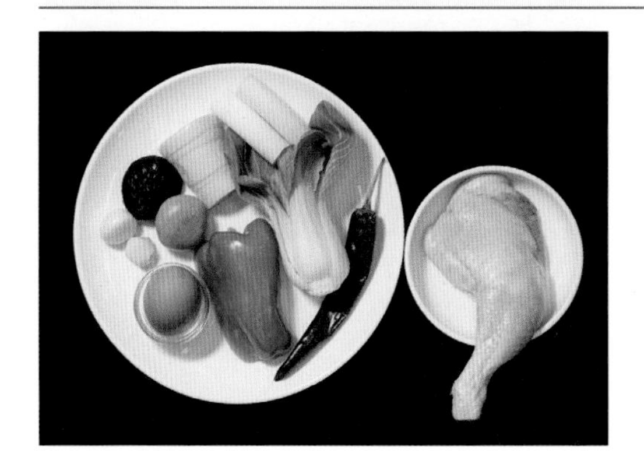

재료

닭다리(한마리 1.2kg, 허벅지살 포함, 반마리 지급 가능) 1개
죽순(통조림, 고형분) 50g
건표고버섯(지름 5cm, 물에 불린 것) 1개
홍고추(건) 1개 / **양송이**(통조림, 큰 것) 1개
청피망(중 75g) 1/3개 / **청경채** 1포기 / **생강** 5g
대파(흰부분, 6cm) 2토막 / **마늘**(중, 깐 것) 1쪽
달걀 1개

진간장 30ml / **소금**(정제염) 5g / **청주** 15ml
녹말가루(감자전분) 100g / **고추기름** 10ml
식용유 900ml / **검은후춧가루** 1g

만드는 법

냄비에 데칠 물을 올린다.

마늘, 생강, 양송이는 편으로 썬다.

대파, 죽순, 표고버섯, 청경채, 청피망은 5×2cm 로 썬다.

건홍고추는 씨를 제거하고 5×2cm로 썬다.

물이 끓으면 죽순, 양송이, 청경채를 데친다.

닭고기는 뼈를 발라 5×1cm 크기로 썰어 소금, 청주, 검은후춧가루로 밑간을 한다.

튀김기름을 올린다.

달걀물 2큰술에 녹말가루 3큰술을 넣어 튀김옷을 만든다.

손질한 닭에 튀김옷을 입히고 160℃ 정도 튀김기름에서 2번 바삭하게 튀긴다.

녹말가루 1큰술, 물 2큰술을 섞어 물녹말을 만든다.

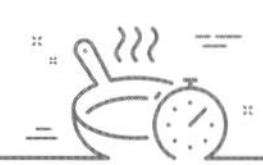

팬에 고추기름을 두르고 대파, 마늘, 생강, 건고추를 볶다가 향이 나면 간장 1작은술, 청주 1작은술을 넣고 표고버섯, 죽순, 양송이, 피망, 청경채 순으로 넣고 볶는다.

11에 물을 1컵 넣고 소금, 후춧가루로 간을 한 후 물녹말로 농도를 맞추고 튀긴 닭을 넣고 버무려 완성접시에 보기 좋게 담아낸다.

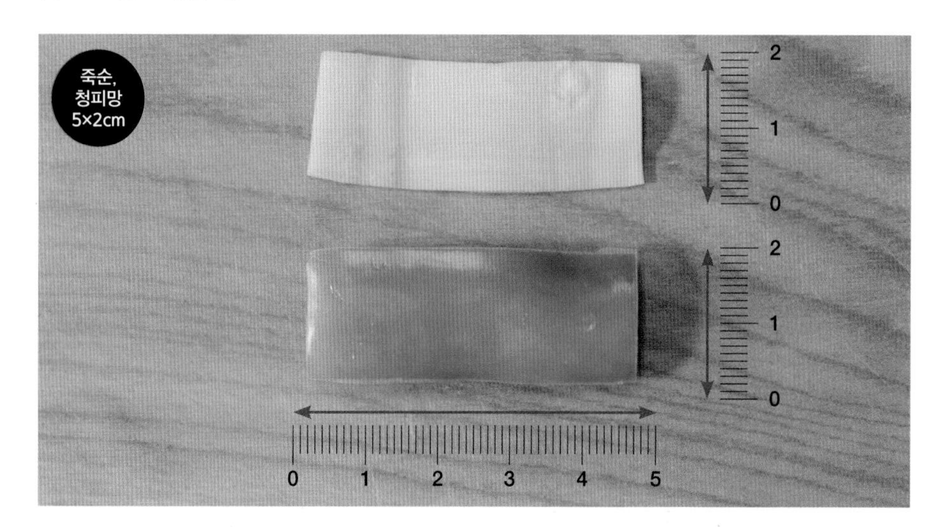

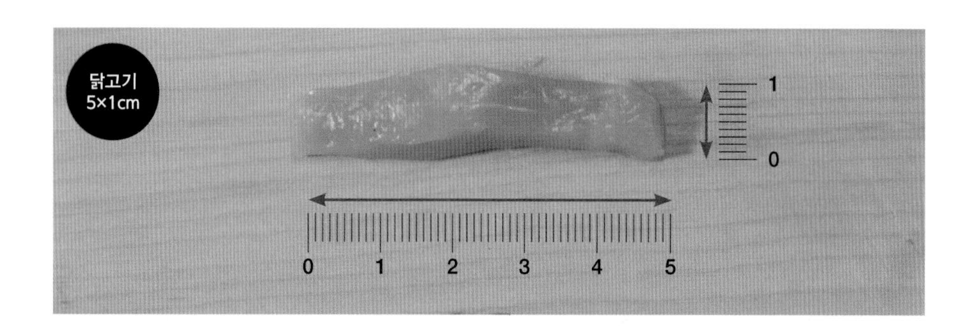

합격포인트

1_ **주어진 고추기름을 이용한다.**
2_ **소스의 농도와 색에 유의한다.**
3_ **닭고기의 크기를 일정하게 썰어 2번 튀긴다.**

깐풍기

乾烹鷄 乾마른건 烹삶을팽 鷄닭계

짝꿍과제

과제	페이지
부추잡채 20분	25p
마파두부 25분	40p
해파리냉채 20분	18p
빠스고구마 25분	52p
빠스옥수수 25분	48p

요구사항

❶ 닭은 뼈를 발라낸 후 사방 3cm 사각형으로 써시오.
❷ 닭을 튀기기 전에 튀김옷을 입히시오.
❸ 채소는 0.5cm × 0.5cm로 써시오.

과정 한눈에 보기

재료 세척 → 재료 썰기 → 닭 튀김옷 입혀 튀기기 → 볶기 → 버무리기 → 완성

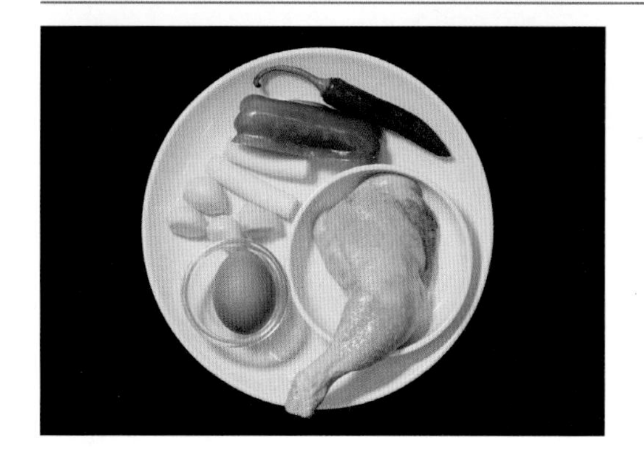

재료

닭다리(한마리 1.2kg, 허벅지살 포함, 반마리 지급 가능) 1개
달걀 1개 / **마늘**(중, 깐 것) 3쪽
대파(흰부분, 6cm) 2토막 / **청피망**(중, 75g) 1/4개
홍고추(생) 1/2개 / **생강** 5g

진간장 15ml / **검은후춧가루** 1g / **청주** 15ml
흰설탕 15g / **녹말가루**(감자전분) 100g / **식초** 15ml
참기름 5ml / **식용유** 800ml / **소금**(정제염) 10g

만드는 법

1 마늘, 생강은 다지고, 대파, 청피망, 홍고추는 사방 0.5cm 크기로 썬다.

2 닭은 핏물과 기름을 제거한 후 뼈를 발라내고 사방 3cm 크기로 썬다.

잠깐! 일부러 껍질을 제거하지 마세요. 주어진 재료 모두 크기에 맞게 썰어주세요.

3 손질한 닭에 간장 1/2큰술, 청주 1/2큰술, 소금, 검은후춧가루로 밑간한다.

4 튀김기름을 올린다.

5

달걀물 2큰술에 녹말가루 3큰술을 넣어 튀김옷을 만들어 3에 버무린다.

6

간장 1큰술, 설탕 1큰술, 식초 1큰술, 물 2큰술을 넣어 깐풍소스를 만든다.

7

기름이 160℃ 정도로 달궈지면 튀김옷을 입힌 닭고기를 바삭하게 2번 튀긴다.

8

팬에 기름을 두르고 대파, 마늘, 생강을 볶아 향을 낸 후 홍고추, 청주를 넣고, 깐풍소스를 넣어 졸인다.

9

8에 튀긴 닭과 청피망을 넣고 볶다 참기름을 넣어 버무린 후 완성접시에 담아낸다.

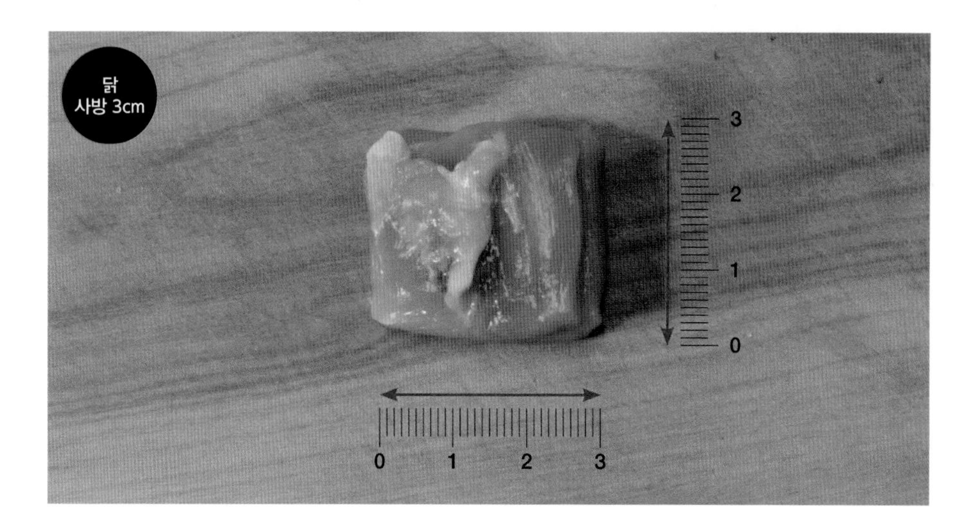

합격포인트

1_ 물녹말이 들어가지 않는다.

2_ 닭 손질에 유의하고 튀김을 바삭하게 2번 튀겨 사용한다.

경장육사

京醬肉絲 京서울경 醬된장장 肉고기육 絲실사

짝꿍과제

과제	쪽
해파리냉채 20분	18p
오징어냉채 20분	21p
부추잡채 20분	25p
빠스고구마 25분	52p

요구사항

❶ 돼지고기는 길이 5cm 정도의 얇은 채로 썰고, 간을 하여 기름에 익혀 사용하시오.

❷ 춘장은 기름에 볶아서 사용하시오.

❸ 대파 채는 길이 5cm로 어슷하게 채 썰어 매운맛을 빼고 접시에 담으시오.

과정 한눈에 보기

재료 세척 → 파채 찬물 → 춘장 볶기 → 볶아 양념 → 완성

재료

돼지등심(살코기) 150g / **죽순**(통조림, 고형분) 100g
대파(흰부분, 6cm) 3토막 / **달걀** 1개
마늘(중, 깐 것) 1쪽 / **생강** 5g

춘장 50g / **식용유** 300ml / **흰설탕** 30g / **굴소스** 30ml
청주 30ml / **진간장** 30ml / **녹말가루**(감자전분) 50g
참기름 5ml

만드는 법

1 냄비에 데칠 물을 올린다.

2 대파는 속대를 제거하고 5cm로 어슷하게 곱게 채 썬다.

3 채 썬 대파는 찬물에 담가둔다.

4 마늘, 생강은 채 썬다.

물이 끓으면 죽순을 데치고 채 썬다.

돼지고기는 5cm 길이로 얇게 채 썰고 간장 1작은술, 청주 1작은술로 밑간을 한다.

6에 달걀흰자 1큰술, 녹말가루 1큰술을 넣어 버무린다.

녹말가루 1큰술, 물 2큰술을 섞어 물녹말을 만든다.

팬에 기름 4큰술을 넣고 7의 돼지고기를 기름에 볶듯이 젓가락으로 저어가며 부드럽게 데친다.

팬에 기름을 3큰술 넣고 춘장을 2큰술 넣어 저어가며 볶아준다.

잠깐! 춘장을 오래 볶으면 딱딱해집니다.

11

팬에 기름을 두르고 마늘과 생강을 볶다가 청주 1큰술, 간장 1작은술을 넣는다.

12

11에 돼지고기, 죽순을 넣고 볶다가 춘장, 굴소스 1작은술, 설탕 1작은술, 물 3큰술을 넣고 물녹말로 농도를 맞춘 후 참기름을 넣어 버무린다.

13

찬물에 담가둔 파채의 물기를 제거한 후 새둥지처럼 접시에 깔고 그 위에 볶은 짜장 고기를 올려 완성한다.

합격포인트

1_ 춘장은 너무 센 불에서 볶지 말고, 오래 볶으면 딱딱해지니 유의한다.
2_ 대파의 속대는 사용하지 않는다.
3_ 파채는 5cm 길이로 곱게 썰어 반드시 찬물에 담갔다가 사용한다.
4_ 돼지고기는 곱게 채 썬다.

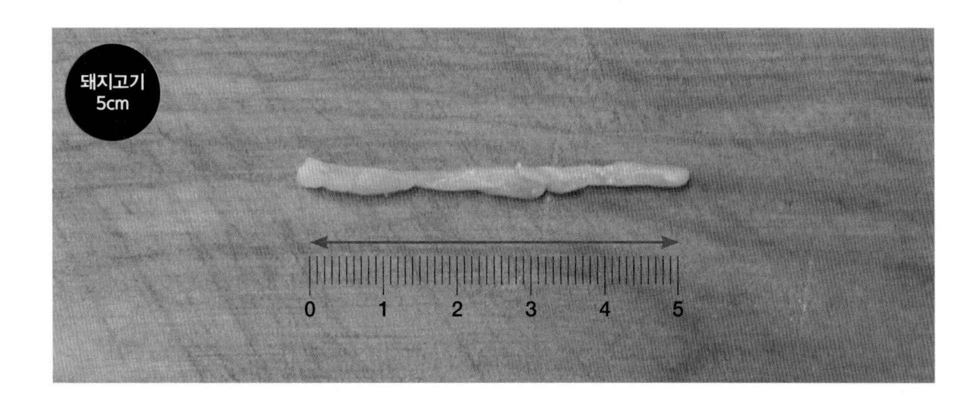

유니짜장면

肉泥炸醬麵 肉고기육 泥진흙니 炸튀길작 醬된장장 麵밀가루면

짝꿍과제

해파리냉채 20분	18p
오징어냉채 20분	21p
채소볶음 25분	32p
홍쇼두부 30분	64p
고추잡채 25분	28p
난자완스 25분	44p

요구사항

❶ 춘장은 기름에 볶아서 사용하시오.
❷ 양파, 호박은 0.5cm × 0.5cm 크기의 네모꼴로 써시오.
❸ 중식면은 끓는 물에 삶아 찬물에 헹군 후 데쳐 사용하시오.
❹ 삶은 면에 짜장소스를 부어 오이채를 올려내시오.

과정 한눈에 보기

재료 세척 → 면 삶기 → 재료 썰기 → 춘장 볶기 → 짜장 소스 → 면 데우기 → 완성

재료

돼지등심(다진 살코기) 50g / **중식면**(생면) 150g
양파(중, 150g) 1개 / **호박**(애호박) 50g
오이(가늘고 곧은 것, 20cm) 1/4개 / **생강** 10g

춘장 50g / **진간장** 50ml / **청주** 50ml / **소금** 10g
흰설탕 20g / **참기름** 10ml / **녹말가루**(감자전분) 50g
식용유 100ml

만드는 법

1 냄비에 약불로 물을 올린다.

2 생강은 다지고, 양파, 호박은 사방 0.5cm 크기로 썬다.

3 오이는 5cm 길이로 어슷하게 편으로 썰고 채 썬다.

4 다진 돼지고기는 핏물을 제거한다.

5

물이 끓으면 소금을 약간 넣고 중식면을 삶아 찬 물에 헹군다.

잠깐! 제출 직전에 면을 따뜻하게 하기 위해 삶은 물은 버리지 마세요.

6

녹말가루 2큰술, 물 3큰술을 섞어 물녹말을 만든다.

7

팬에 기름을 3큰술 넣고 춘장을 2큰술을 넣어 저어가며 볶아준다.

잠깐! 춘장을 오래 볶으면 딱딱해집니다.

8

팬에 기름을 두르고 생강으로 향을 낸 후 돼지고기를 넣어 볶다가 간장 1작은술, 청주 1작은술을 넣고 양파와 호박을 넣어 볶는다.

9

8에 춘장을 넣고 물 1컵, 설탕 1큰술을 넣고, 물 녹말로 농도를 맞춘 후 참기름을 넣고 버무려 짜장소스를 완성한다.

10

삶은 면을 다시 뜨거운 물에 넣었다 뺀 후 그릇에 담고 짜장소스를 얹고 오이채를 올려 완성한다.

합격포인트

1_ **짜짱소스 농도에 유의한다.**
2_ **춘장을 오래 볶으면 딱딱해진다.**
3_ **면 삶을 물을 미리 올려놓아 조리시간을 단축한다.**
4_ **중식면은 제출 직전에 따뜻하게 데우고 담는다.**

울면

溫滷麵 溫따뜻할온 滷간수노 麵밀가루면

짝꿍과제

채소볶음 25분	28p
해파리냉채 20분	18p
오징어냉채 20분	21p
부추잡채 20분	25p
새우케첩볶음 25분	36p
마파두부 25분	40p

요구사항

❶ 오징어, 대파, 양파, 당근, 배추잎은 6cm 길이로 채를 써시오.
❷ 중식면은 끓는 물에 삶아 찬물에 행군 후 데쳐 사용하시오.
❸ 소스는 농도를 잘 맞춘 다음, 달걀을 풀 때 덩어리지지 않게 하시오.

과정 한눈에 보기

재료 세척 → 면 삶기 → 재료 썰기 → 소스 끓이기 → 면 데우기 → 완성

재료

중식면(생면) 150g / **오징어**(몸통) 50g
작은새우살 20g / **조선부추** 10g
대파(흰부분, 6cm) 1토막 / **마늘**(중, 깐 것) 3쪽
당근(길이 6cm) 20g / **배춧잎**(1/2잎) 20g
건목이버섯 1개 / **양파**(중, 150g) 1/4개 / **달걀** 1개

진간장 5ml / **청주** 30ml / **참기름** 5ml / **소금** 5g
녹말가루(감자전분) 20g / **흰후춧가루** 3g

만드는 법

1 냄비에 약불로 물을 올린다.

2 목이버섯은 따뜻한 물에 불린다.

3 마늘은 채 썰고, 대파, 양파, 배춧잎, 당근은 6cm 길이로 채 썬다.

4 부추는 6cm 길이로 썬다.

5

새우는 내장을 제거하고, 오징어는 껍질을 벗겨 6cm 길이로 채 썬다.

6

달걀은 풀어 체에 내려 달걀물을 만든다.

7

녹말가루 2큰술, 물 3큰술을 섞어 물녹말을 만든다.

8

물이 끓으면 소금을 약간 넣고 중식면을 삶아 찬물에 헹군다.

잠깐! 제출 직전에 면을 따뜻하게 하기 위해 삶은 물은 버리지 마세요.

9

냄비에 물을 3컵 넣고 끓으면 마늘, 대파, 간장 1작은술, 청주 1작은술을 넣고 당근, 양파, 배추, 목이버섯 순으로 넣는다.

10

9에 오징어, 새우살을 넣어 끓인다.

잠깐! 거품은 제거해주세요.

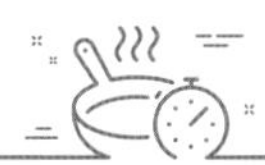

⑩에 물녹말로 농도를 맞추고, 달걀물을 덩어리지지 않게 넣은 후 흰후춧가루, 부추, 참기름을 넣는다. **잠깐!** 달걀을 풀어 넣을 때 약불에서 해야 부드러운 달걀을 얻을 수 있습니다.

삶은 면을 다시 뜨거운 물에 넣었다 뺀 후 그릇에 담고 울면소스를 올려 완성한다.

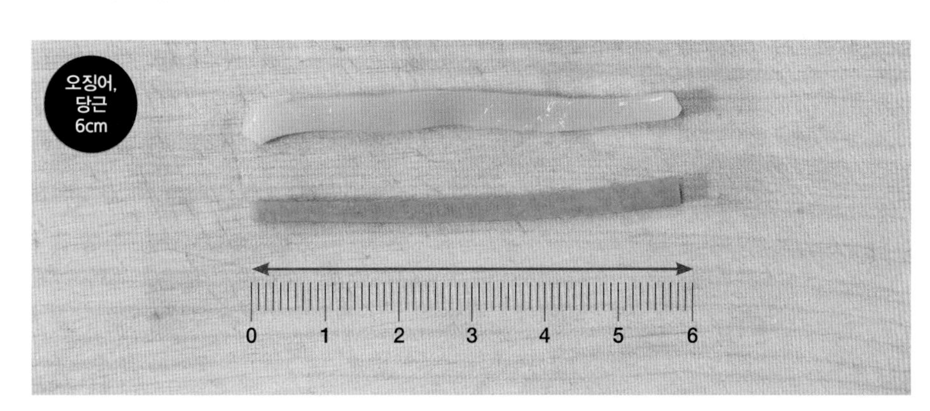

합격포인트

1_ 달걀물이 뭉치지 않도록 한다.
2_ 면 삶을 물을 미리 올려 놓아 조리시간을 단축한다.
3_ 중식면은 제출 직전에 따뜻하게 데우고 담는다.
4_ 울면소스 농도에 유의한다.

새우볶음밥

蝦仁炒飯 蝦새우하 仁어질인 炒볶을초 飯밥반

짝꿍과제

깐풍기 30분	72p
부추잡채 20분	25p
오징어냉채 20분	21p

요구사항

❶ 새우는 내장을 제거하고 데쳐서 사용하시오.

❷ 채소는 0.5cm 크기의 주사위 모양으로 써시오.

❸ 부드럽게 볶은 달걀에 밥, 채소, 새우를 넣어 질지 않게 볶아 전량 제출하시오.

과정 한눈에 보기

재료 세척 → 밥하기 → 재료 썰기 → 달걀 스크램블 → 볶기 → 완성

재료

쌀(30분 정도 물에 불린 쌀) 150g / **작은새우살** 30g
달걀 1개 / **대파**(흰부분, 6cm) 1토막 / **당근** 20g
청피망(중, 75g) 1/3개

식용유 50ml / **소금** 5g / **흰후춧가루** 5g

만드는 법

1 냄비에 데칠 물을 올린다.

2 새우 내장을 제거하고 물이 끓으면 소금을 약간 넣은 후 데친다.

3 불린 쌀을 씻어 건진 후 물을 동량으로 넣고 밥을 고슬하게 지어 접시에 펼쳐 식혀 놓는다.

4 대파, 당근, 피망은 0.5cm 크기 주사위 모양으로 썬다.

5

달걀은 소금을 조금 넣고 잘 풀어 체에 내려놓는다.

6

팬에 기름을 두르고 달걀을 넣어 부드러운 스크럼블을 만든다.

잠깐! 달걀은 너무 익히지 말고 90%만 익혀야 부드럽고 섞을 때 좋습니다.

7

부드러운 스크램블에 밥, 채소, 새우를 넣어 볶고 소금, 흰후춧가루로 간을 한다.

잠깐! 밥을 볶을 때 센불에서 볶아야 고슬고슬한 볶음밥을 만들 수 있습니다.

8

밥공기를 사용하여 **7**을 눌러 담은 후 밥공기를 뒤집어서 완성접시에 보기 좋게 담아낸다.

합격포인트

1_ **쌀과 물을 1:1 비율로 해서 밥을 고슬고슬하게 짓는다.**

2_ **달군 팬에 기름과 밥을 넣고 주걱을 세워서 볶아야 밥알이 살아있고 고슬고슬하게 만들 수 있다.**

양장피잡채

炒肉兩張皮 炒볶을초 肉고기육 兩두량 張넓힐장 皮껍질피

짝꿍과제

마파두부 25분	40p
빠스고구마 25분	52p
빠스옥수수 25분	48p

요구사항

❶ 양장피는 4cm로 하시오.
❷ 고기와 채소는 5cm 길이의 채를 써시오.
❸ 겨자는 숙성시켜 사용하시오.
❹ 볶은 재료와 볶지 않는 재료의 분별에 유의하여 담아내시오.

과정 한눈에 보기

재료 세척 → 겨자발효 → 재료 손질 → 부추잡채 → 돌려 담기 → 겨자소스 뿌리기 → 완성

재료

양장피 1/2장 / **돼지등심**(살코기) 50g
양파(중, 150g) 1/2개 / **조선부추** 30g / **건목이버섯** 1개
당근 50g / **오이**(가늘고 곧은 것, 20cm) 1/3개
달걀 1개 / **작은새우살** 50g
갑오징어살(오징어 대체가능) 50g
건해삼(불린 것) 60g

진간장 5ml / **참기름** 5ml / **겨자** 10g / **식초** 50ml
흰설탕 30g / **식용유** 20ml / **소금**(정제염) 3g

만드는 법

1 냄비에 물을 넉넉히 올린다.

2 그릇에 겨자가루 1큰술과 따뜻한 물 1큰술을 개어 끓는 냄비 뚜껑 위에 올려 발효시킨다.

3 양장피와 목이버섯은 미지근한 물에 각각 불린다.

4 새우는 내장을 제거하고, 오징어는 껍질을 제거하고 안쪽에 칼집을 넣는다

5 물이 끓으면 양장피를 데치고 사방 4cm로 찢어 간장, 참기름으로 버무려 놓는다.

6 양장피 데친물에 당근, 해삼, 새우, 칼집 넣은 오징어를 데친다.

잠깐! 당근, 해삼, 오징어는 통으로 데쳐서 썰어야 원하는 길이와 모양으로 담을 수 있습니다.

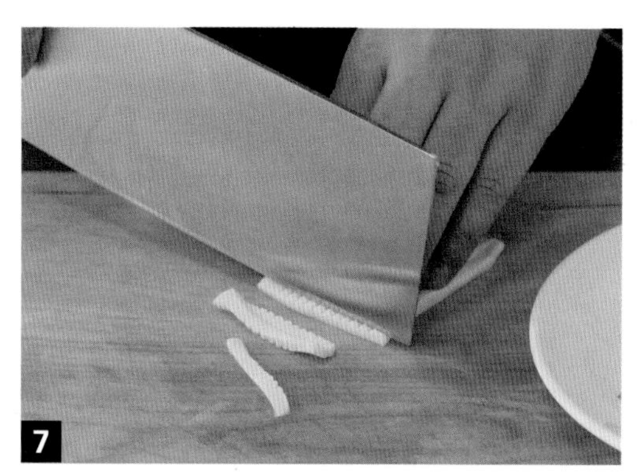

7 데친 당근, 오징어, 해삼은 5cm 길이로 채 썬다.

8 오이는 돌려 깎은 후 5cm 길이로 채 썬다.

잠깐! 접시에 돌려 담는 재료는 손질하면 바로바로 접시에 담아주세요.

9 양파는 5cm 길이로 채 썰고, 부추는 5cm 길이로 썰고 목이는 손으로 뜯어 놓는다.

10 돼지고기는 핏물을 제거하고 5cm 길이로 채 썬다.

11

발효시킨 겨자에 설탕 1큰술, 식초 1큰술, 소금, 물 약간, 참기름을 넣어 겨자소스를 만든다.

12

달걀을 황백으로 나누어 풀어 놓고 지단을 부친다.

잠깐! 달걀은 황백으로 나누지 않고 합쳐서 지단을 부쳐도 됩니다.

13

팬에 기름을 두르고 돼기고기를 볶다가 간장 1작은술을 넣고 양파, 목이버섯, 부추 순으로 넣어 볶은 후 소금, 참기름을 넣는다.

14

접시에 오이, 당근, 새우, 해삼, 오징어, 달걀지단을 돌려 담고 가운데에 양장피를 올린다.

15

중앙에 볶은 재료를 올리고 겨자소스를 끼얹어 완성한다.

잠깐! 겨자소스는 따로 제출해도 됩니다.

합격포인트

1_ **돌려 담는 재료(오이, 당근, 새우, 오징어, 해삼, 지단)와 볶는 재료(부추, 돼지고기, 양파, 목이버섯)를 잘 분리해서 사용한다.**

2_ **돼지고기 양념에 달걀흰자와 녹말가루를 사용하지 않는다.**

3_ **양장피잡채는 시간이 부족한 메뉴이므로 돌려 담는 재료는 접시에 바로 세팅하여 시간을 절약한다.**

혼공비법 실전 8가지

혼공비법 레시피 요약

규격 암기용 재료 실사 카드

25분

혼공비법 실전 1탄

25분

실제로 시험은 두 가지 과제를 제출해야 하니까 두 가지 과제를 만드는 실전 연습은 여길 보세요!

고추잡채

① 주재료 피망과 고기는 5cm의 채로 썰기
② 고기는 간을 하여 기름에 익혀 사용

마파두부

① 두부는 1.5cm의 주사위 모양으로 썰기
② 두부가 으깨어지지 않게 하기
③ 고추기름을 만들어 사용
④ 홍고추는 씨를 제거하고 0.5cm×0.5cm로 썰기

조리 순서

고추잡채 먼저 완성!
물녹말로 소스 농도를 맞추는 것은 나중에 완성!
마파두부와 고추잡채는 재료 썰기에 집중하세요!

만드는법

1. **데칠 물 올리기**(두부, 죽순, 표고)
2. **재료 손질**

   마파두부
   - 두부 : 사방 1.5cm 주사위 모양 → 데치기
   - 마늘, 생강 : 다지기
   - 대파 : 0.5cm 다지기
   - 홍고추 : 0.5cm 다지기
   - 다진 돼지고기 : 기름, 핏물 제거

   고추잡채
   - 청피망, 양파 : 5cm 길이 일정하게 채썰기
   - 표고버섯 : 얇게 포 뜬 후 5cm 길이 채썰기 → 데치기
   - 죽순 : 채썰기 → 데치기
   - 돼지고기 : 5cm 길이 채썰기 → 청주, 간장 1작은술 → 달걀 흰자 1작은술, 녹말가루 1작은술 → 화데침
3. **고추잡채 완성**
   (팬) 기름 두르고 양파, 죽순, 표고 → 간장, 청주 → 돼지고기, 청피망 → 소금 → 참기름 → 담기
4. **물녹말 만들기** : 녹말가루 1큰술, 물 2큰술
5. **고추기름 만들기** : (팬) 식용유 3큰술, 고춧가루 1큰술
6. **마파두부 완성**
   (팬) 고추기름 1~2큰술 → 파, 마늘, 생강, 홍고추 → 간장 → 돼지고기 → 두반장 1큰술, 설탕 1작은술, 검은후춧가루, 물 1컵 → 두부 → 물녹말 → 참기름 → 담기

전과정 한눈에 보기

30분

혼공비법 실전 2탄

20분

실제로 시험은 두 가지 과제를 제출해야 하니까 두 가지 과제를 만드는 실전 연습은 여길 보세요!

경장육사

① 돼지고기는 길이 5cm의 얇은 채로 썰고, 간을 하여 기름에 익혀 사용
② 춘장은 기름에 볶아서 사용
③ 대파 채는 길이 5cm로 어슷하게 채 썰어 매운맛을 빼고 접시에 담기

부추잡채

① 부추는 6cm 길이로 썰기
② 고기는 0.3×6cm 길이로 썰기
③ 고기는 간을 하여 기름에 익혀 사용

조리 순서

부추잡채 먼저 완성!
경장육사, 부추잡채에 들어가는 돼지고기는 써는 길이와 양념이 달라요. 반드시 구분하시고 진행하세요.
둘 중 어느 것을 먼저 완성하든 상관없으니 경장육사를 완성하고 부추잡채를 만드셔도 좋습니다.

만드는법

1. **데칠 물 올리기**(죽순)
2. **재료 손질**
   - 대파 : 속대 제거 → 5cm 어슷하게 곱게 채썰기 → 찬물
   - 마늘, 생강 : 채썰기
   - 부추 : 6cm 길이 썰기(흰 줄기, 푸른 잎 부분 구분)
   - 죽순 : 채썰기 → 데치기
   - 돼지고기
     - 경장육사 5cm 길이 채썰기 → 간장 1작은술, 청주 1작은술 → 달걀흰자 1큰술, 녹말가루 1큰술 → 화데침
     - 부추잡채 0.3×6cm 채썰기 → 소금, 청주 1작은술 → 달걀흰자 1/2큰술, 녹말가루 1/2큰술 → 화데침
3. **물녹말 만들기** : 녹말가루 1큰술, 물 2큰술
4. **부추잡채 완성**
   (팬) 기름을 두르고 흰 줄기 부분 → 청주 1작은술 → 데친 돼지고기, 부추 푸른 부분, 소금, 참기름 → 담기
5. **춘장 볶기** : (팬) 기름 3큰술 + 춘장 2큰술
6. **볶은 짜장 고기 만들기**
   (팬) 기름 두르고 마늘, 생강 → 청주 1큰술, 간장 1작은술 → 돼지고기, 죽순 → 춘장, 굴소스 1작은술, 설탕 1작은술, 물 3큰술 → 물녹말 → 참기름
7. **경장육사 완성**
   찬물에 담가둔 파채 물기 제거 → 새둥지처럼 접시에 깔기 → 그 위에 볶은 짜장 고기 올리기

전과정 한눈에 보기

40분

혼공비법 실전 3탄

20분

실제로 시험은 두 가지 과제를 제출해야 하니까 두 가지 과제를 만드는 실전 연습은 여길 보세요!

채소볶음

① 모든 채소는 길이 4cm의 편으로 썰기
② 대파, 마늘, 생강을 제외한 모든 채소는 끓는 물에 살짝 데쳐서 사용

홍쇼두부

① 두부는 사방 5cm, 두께 1cm의 삼각형 크기로 썰기
② 채소는 편으로 썰기
③ 두부는 으깨어지거나 붙지 않게 하고 갈색이 나도록 하기

조리 순서

채소볶음 먼저 완성!
공통된 재료가 많아요. 자르면서 처음부터 나눠서 사용하세요.
채소볶음은 향신채를 제외하고 모든 재료를 데쳐서 사용하는데 홍쇼두부는 홍고추만 제외하고 모두 데쳐도 되니 명심하세요.
채소볶음과 홍쇼두부 둘 다 물녹말을 넣어 소스의 농도를 맞추는데 채소볶음은 완성작에 소스가 거의 없으므로 채소볶음을 먼저 완성하는 게 마지막 담음새를 위해 안전합니다~

만드는법

1. **데칠 물 올리기**
2. **재료 손질**
   - 마늘, 생강, 양송이 : 편 썰기

   ＊ 채소볶음, 홍쇼두부 공통
   - 청경채, 대파, 표고버섯, 죽순 : 4cm 편 썰기

   ＊ 채소볶음, 홍쇼두부 공통

   채소볶음
   - 셀러리, 당근, 피망 : 4cm 편 썰기

   홍쇼두부
   - 두부 : 사방 5cm 두께 1cm 삼각형 썰기 → 물기 제거 → 노릇하게 튀기기
   - 홍고추 : 4cm 정도 편 썰기
3. **데치기**
   - 죽순, 양송이, 청경채, 표고버섯 데치기

   ＊ 채소볶음, 홍쇼두부 공통

   채소볶음
   - 당근, 셀러리 데치기
4. **물녹말 만들기** : 녹말가루 2큰술, 물 4큰술

   ＊ 채소볶음, 홍쇼두부 공통
5. **채소볶음 완성**

   (팬) 대파, 마늘, 생강 → 간장, 청주 → 표고버섯, 양송이, 죽순, 당근 → 물 1/4컵 → 셀러리, 청경채, 피망 → 소금, 흰후춧가루 → 물녹말 → 참기름 → 담기
6. **홍쇼두부 완성**

   (팬) 마늘, 생강, 대파 → 간장, 청주 → 표고버섯, 양송이, 죽순, 홍고추, 청경채 → 물 1컵 → 돼지고기, 두부 → 물녹말 → 참기름 → 담기

전과정 한눈에 보기

40분

혼공비법 실전 4탄

20분

실제로 시험은 두 가지 과제를 제출해야 하니까 두 가지 과제를 만드는 실전 연습은 여길 보세요!

울면

① 오징어, 대파, 양파, 당근, 배추잎은 6cm 길이로 채썰기
② 중식면은 끓는 물에 삶아 찬물에 행군 후 데쳐 사용
③ 소스는 농도를 잘 맞춘 다음, 달걀을 풀 때 덩어리지지 않게 하기

새우케첩볶음

① 새우 내장 제거하기
② 당근과 양파는 1cm 크기의 사각으로 썰기

조리 순서

새우케첩볶음 먼저 완성!
공통된 재료는 처음부터 나눠서 사용하세요. 써는 법이 다릅니다.
울면은 면을 따뜻하게 데워서 제출해야 하므로 데친물을 버리지 말고 보관했다가 사용하고 마지막에 완성해서 따뜻하게 제출하도록 하세요.
새우케첩볶음은 소스가 흥건하지 않고 가볍게 버무리듯 하여 제출하는 요리이므로 물의 양을 확인하고 먼저 완성하세요.

만드는법

1. **냄비 물 올리기**(넉넉히)
   새우케첩볶음 완두콩 데치기 → 소금 → 울면 중식면 → 찬물 헹구기
2. **재료 손질**
   울면
   - 목이버섯 : 미지근한 물 불리기
   - 마늘 : 채썰기
   - 대파, 양파, 배춧잎, 당근 : 6cm 길이 채썰기
   - 부추 : 6cm 길이 썰기
   - 새우 : 내장 제거
   - 오징어 : 껍질 제거 → 6cm 길이 채썰기

   새우케첩볶음
   - 생강 : 편썰기
   - 대파, 당근, 양파 : 사방 1cm 크기 썰기
   - 새우 : 내장 제거 → 소금, 청주 → 튀김옷(달걀흰자 2큰술 + 녹말가루 2~3큰술) → 튀기기
3. **달걀물 만들기** : 달걀 풀어 체에 내리기
4. **물녹말 만들기** : 녹말가루 2큰술, 물 4큰술
   ＊ 울면, 새우케첩볶음 공통
5. **새우케첩볶음 완성**
   (팬) 대파, 생강 → 청주, 간장 → 양파, 당근 → 케첩 3큰술 + 설탕 1큰술 + 물 1/3큰술 → 물녹말 → 튀긴 새우 → 담기
6. **울면소스**
   (냄비) 물 3컵 → 마늘, 대파, 간장 1작은술, 청주 1작은술 → 당근, 양파, 배추, 목이버섯 → 오징어, 새우살 → 물녹말 → 달걀물 → 흰후춧가루, 부추, 참기름
7. **울면 완성**
   삶은 면을 다시 뜨거운 물에 넣었다 뺀 후 그릇에 담기 → 울면 소스 올리기

전과정 한눈에 보기

40분

혼공비법 실전 5탄

20분

실제로 시험은 두 가지 과제를 제출해야 하니까 두 가지 과제를 만드는 실전 연습은 여길 보세요!

난자완스

① 완자는 지름 4cm로 둥글고 납작하게 만들기
② 완자는 손이나 수저로 하나씩 떼어 팬에서 모양 만들기
③ 채소는 4cm 크기의 편으로 썰기(단, 대파는 3cm 크기)
④ 완자는 갈색 내기

새우볶음밥

① 새우는 내장을 제거하고 데쳐서 사용
② 채소는 0.5cm 크기의 주사위 모양으로 썰기
③ 달걀에 밥, 채소, 새우를 넣어 질지 않게 볶아 전량 제출

조리 순서

새우볶음밥 먼저 완성!
난자완스와 새우볶음밥 각각에 데칠 것들을 먼저 손질하고 진행하세요.
난자완스는 반드시 완자를 두 번 익히는 과정을 보여주셔야 하고, 새우볶음밥은 밥을 고슬하게 지어 식혀서 사용하는 거 잊지 마세요!!!
불 사용 순서는 데칠 물(죽순, 새우) → 밥하기 → 스크럼블 → 새우볶음밥 완성 → 난자완스 완자 2번 튀기기 → 난자완스 완성입니다.

만드는법

1. 데칠 물 올리기
＊ 죽순, 새우 먼저 손질하고 바로 데치기

2. 밥하기
쌀 : 물 = 1 : 1로 밥하기 → 펼쳐 식히기

3. 재료 손질

난자완스
- 죽순 : 데치기 → 4cm 편 썰기
- 마늘, 생강 : 편 썰기
- 대파 : 3cm 편 썰기
- 표고버섯, 청경채 : 4cm 편 썰기
- 다진 돼지고기 : 핏물 제거 → 간장 + 청주 + 소금 + 검은후춧가루 → 달걀물 3큰술 + 녹말가루 1큰술

새우볶음밥
- 새우 : 내장 제거 → 데치기
- 대파, 당근, 피망 : 0.5cm 크기 주사위 모양 썰기

4. 스크럼블 만들기
달걀 풀어 체에 내리기 → (팬) 부드러운 스크럼블

5. 새우볶음밥 완성
(팬) 기름 두르고 대파, 당근 → 식힌 밥 → 소금, 흰후춧가루 → 새우, 피망, 달걀 → 밥공기 사용하여 눌러 담기 → 완성접시에 담기

6. 완자 첫 번째 튀김
(팬) 기름 넉넉히 두르고 고기반죽을 손으로 쥐어 원형 완자 → 완자 숟가락으로 눌러 지름 4cm 정도 → 지지기

7. 완자 두 번째 튀김
(완자를 지진 팬) 기름 완자 감길 정도로 추가 → 갈색으로 튀기기

8. 물녹말 만들기 : 녹말가루 1큰술 + 물 2큰술

9. 난자완스 완성
(팬) 기름 두르고 대파, 마늘, 생강 → 간장 1큰술, 청주 1큰술 → 표고버섯, 죽순 → 물 1컵 → 완자, 청경채, 후춧가루 → 물녹말 → 참기름 → 담기

전과정 한눈에 보기

40분

혼공비법 실전 6탄

20분

실제로 시험은 두 가지 과제를 제출해야 하니까 두 가지 과제를 만드는 실전 연습은 여길 보세요!

라조기

① 닭은 뼈를 발라낸 후 5×1cm
② 채소는 5×2cm

오징어냉채

① 오징어 몸살은 종횡으로 칼집을 내어 3~4cm로 썰어 데쳐서 사용
② 오이는 얇게 3cm 편
③ 겨자를 숙성시킨 후 소스

조리 순서

오징어냉채 먼저 완성!
오징어냉채는 재료가 간단하고 작업이 단순하여 재료 준비를 다 해놓고 라조기 완성하고 마지막에 담아 제출해도 돼요.
오징어냉채에 갑오징어가 나올 경우 앞뒤로 껍질을 제거하고 칼집을 좀 더 깊게 내줘야 종횡칼집이 선명하다는 거 잊지 마세요! 라조기는 고추기름을 사용하기 때문에 참기름이 들어가지 않아요. 라조기 색이 약할 경우 남은 고추기름을 마지막에 첨가해서 더 버무려 주세요~!

만드는법

1. **데칠 물 올리기**
2. **겨자발효** : 겨자가루 1T + 따뜻한 물 1T
3. **재료 손질**
   라조기
   - 마늘, 생강, 양송이 : 편썰기
   - 죽순, 양송이, 청경채 : 5×2cm 썰기 → 데치기
   - 대파, 표고버섯, 청피망, 건홍고추 : 5×2cm 썰기
   - 닭고기 : 뼈를 발라 5×1cm 썰기 → 소금, 검은후춧가루, 청주

   오징어냉채
   - 갑오징어 : 껍질 앞뒤 벗기기 → 종횡 칼질 → 3~4cm 크기 썰기 → 데치기
   - 오이 : 반 갈라 3cm 길이 편썰기
4. **겨자소스** : 발효시킨 겨자에 설탕 1T, 식초 1T, 소금, 물 약간, 참기름
5. **오징어냉채 완성**
   완성접시에 오이와 오징어 섞어 담고 겨자소스 끼얹어 완성
6. **라조기 튀기기**
   밑간 닭고기 → 튀김옷(달걀 2T, 녹말가루 3T) → 튀기기
7. **물녹말 만들기** : 물 2T, 전분 1T
8. **라조기 완성**
   (팬) 고추기름 → 대파, 마늘, 생강, 건고추 → 간장 1t, 청주 1t → 표고버섯, 죽순, 양송이, 피망, 청경채 → 물 1C → 소금, 후춧가루 → 물녹말 → 튀긴 닭 → 담기

전과정 한눈에 보기

40분

혼공비법 실전 7탄

20분

실제로 시험은 두 가지 과제를 제출해야 하니까 두 가지 과제를 만드는 실전 연습은 여길 보세요!

탕수생선살

① 생선살은 1×4cm
② 채소는 편
③ 소스는 달콤하고 새콤한 맛으로 만들어 튀긴 생선에 버무리기

빠스옥수수

① 완자의 크기를 지름 3cm 공 모양
② 땅콩은 다져 옥수수와 함께 버무려 사용
③ 설탕시럽은 타지 않게
④ 빠스옥수수는 6개

조리 순서

탕수생선살과 빠스옥수수의 재료를 모두 준비해 놓고 한 개씩 한꺼번에 완성하세요!
탕수생선살은 버무려서 제출하시고 소스가 있다 보니 빠스옥수수를 먼저 완성하고 탕수생선살을 완성하는 게 좋습니다.
참! 앙금녹말은 빨리 만들고 재료손질 들어가세요. 시간이 걸립니다.

만드는법

1. **데칠 물 올리기**(완두콩)
2. **앙금녹말 만들기**
3. **재료 손질**

   탕수생선살
   - 목이버섯 불리기
   - 오이, 당근 : 3cm 정도 편썰기
   - 파인애플 : 8등분
   - 목이버섯 : 손으로 적당한 크기 뜯기
   - 생선살 : 수분 제거 → 4×1×1cm의 막대 형태

   빠스옥수수
   - 땅콩 : 껍질 제거 → 굵게 다지기
   - 옥수수 : 물기 제거 → 다지기
4. **옥수수완자 튀기기**
   다진 옥수수 → 달걀노른자+밀가루 → 다진 땅콩 → 반죽 → 반죽 왼손에 쥐고 지름이 3cm인 동그란 완자 6개 → 노릇하게 튀기기
5. **탕수생선살 튀기기**
   생선살 → 튀김옷(앙금녹말+달걀흰자) 버무리기 → 튀기기
6. **빠스옥수수 마무리**
   (팬) 연한 갈색시럽(설탕 3T+식용유 1T) → 옥수수 완자 → 찬물 1t → 버무리기 → 담기
7. **물녹말 만들기**
8. **탕수소스** : 간장 1T, 설탕 4T, 식초 4T, 물 1C
9. **탕수생선살 마무리**
   (팬) 양파, 당근, 목이, 파인애플, 완두콩 → 탕수소스 → 물녹말 → 오이 → 튀긴 생선살 → 담기

전과정 한눈에 보기

40분

혼공비법 실전 8탄

20분

실제로 시험은 두 가지 과제를 제출해야 하니까 두 가지 과제를 만드는 실전 연습은 여길 보세요!

탕수육

① 돼지고기는 길이 4cm, 두께 1cm의 긴 사각형 크기로 썰기
② 채소는 편
③ 앙금녹말
④ 소스는 달콤하고 새콤한 맛이 나도록 만들어 돼지고기에 버무려 제출

유니짜장면

① 춘장은 기름에 볶아서 사용
② 양파, 호박은 0.5×0.5cm 크기의 네모꼴
③ 중식면은 끓는 물에 삶아 찬물에 헹군 후 데쳐 사용
④ 삶은 면에 짜장소스를 부어 오이채

조리 순서

탕수육 먼저 완성
탕수육이나 유니짜장면 어느 것을 먼저 완성해도 무방합니다. 유니짜장면은 면을 따뜻하게 제출해야 한다는 것만 잊으시지 마세요^^
앙금녹말은 시간이 걸리니 미리 만들어 주시고, 유니짜장면의 면을 다시 데우는 용으로 데친 물을 버리지 말고 사용하시면 좋습니다.

만드는법

1. **데칠 물 올리기**(완두콩, 중식면)
   ＊ 중식면 삶은 물은 버리지 말고, 중식면은 찬물 윤기나게 헹구기
2. **앙금녹말 만들기**
3. **재료 손질**
   탕수육
   - 목이버섯 : 불리기 → 손으로 적당한 크기 뜯기
   - 오이, 당근, 양파, 대파 : 3cm 정도 편썰기
   - 돼지고기 : 4×1×1cm의 막대 형태 → 간장1t, 청주 1t

   유니짜장면
   - 생강 : 다지기
   - 양파, 호박 : 사방 0.5cm 크기 썰기
   - 오이 : 4~5cm 길이 채썰기
   - 다진 돼지고기 : 핏물 제거
4. **탕수육 튀기기**
   돼지고기 → 튀김옷(앙금녹말+달걀흰자) 버무리기 → 튀기기
5. **춘장 볶기** : 기름 3T, 춘장 2T
6. **물녹말 만들기**
7. **짜장소스** : (팬) 생강 → 돼지고기 → 간장 1t, 청주 1t → 양파, 호박 → 춘장 → 물 1C, 설탕 1T → 물녹말 → 참기름
8. **탕수소스** : 간장 1T, 설탕 4T, 식초 4T, 물 1C
9. **탕수육 마무리**
   (팬) 대파, 양파, 당근, 목이, 완두콩 → 탕수소스 → 물녹말 → 오이 → 튀긴 돼지고기
10. **유니짜장면 마무리**
    삶은 면을 다시 뜨거운 물에 넣었다 뺀 후 그릇에 담기 → 짜장소스 → 오이채

전과정 한눈에 보기

중식조리기능사 실기

점선을 따라 잘라 활용하는

레시피 요약

해파리냉채

1. 냄비 데칠 물 올리기
2. 해파리 : 염분 제거 → 데치기(60~70℃) → 식초 2큰술, 설탕 1/2큰술, 물 2큰술 버무리기
3. 오이 : 0.2×6cm 크기 어슷하게 채썰기
4. 마늘 : 다지기
5. 마늘소스 : 다진 마늘 + 설탕 1큰술 + 식초 1큰술 + 소금 + 참기름 약간
6. 해파리 + 마늘소스 + 오이채 젓가락으로 버무려 접시에 보기 좋게 담기

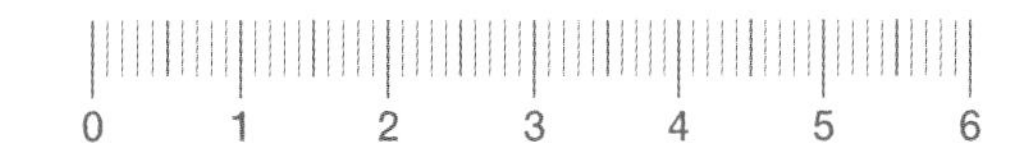

오징어냉채

1. 냄비 데칠 물 올리기
2. 겨자발효 : 겨자가루 1큰술 + 따뜻한 물 1큰술
3. 오이 : 반을 갈라 3cm 길이 얇게 편 썰기
4. 갑오징어 : 껍질 제거 종횡으로 칼질을 넣어 3~4cm 크기로 썰기 → 데치기
5. 겨자소스 : 발효시킨 겨자 + 설탕 1큰술 + 식초 1큰술 + 소금 + 물 약간 + 참기름
6. 완성접시에 오이 + 오징어 보기 좋게 담고 겨자소스 버무리기

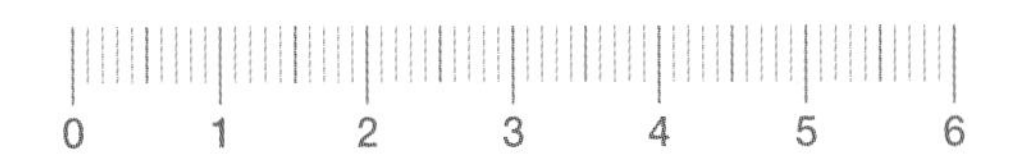

부추잡채

1. 부추 : 6cm 길이 썰기(흰 줄기, 푸른 줄기 구분)
2. 돼지고기 : 핏물 제거 → 0.3×6cm로 채썰기 → 소금, 청주 → 달걀흰자 + 녹말가루 → (팬) 기름 4큰술 → 화데침
3. (팬) 흰 줄기 → 청주 1작은술 → 데친 돼지고기, 부추 푸른 부분, 소금, 참기름 → 담기

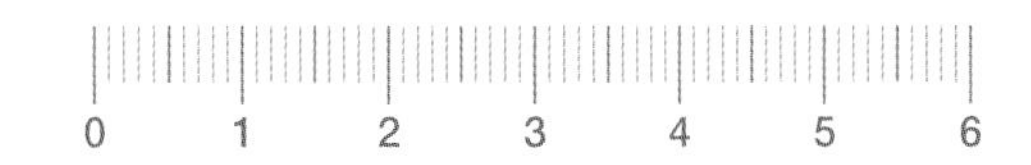

고추잡채

25분

1. 냄비 데칠 물 올리기
2. 죽순, 표고 데치기 → 채썰기
3. 청피망, 양파 : 5cm 길이 채썰기
4. 돼지고기 : 핏물 제거 → 5cm로 채썰기 → 간장, 청주 → 달걀흰자 + 녹말가루 → (팬) 기름 4큰술 → 화데침
5. (팬) 양파, 죽순, 표고 → 간장, 청주 → 돼지고기, 청피망 → 소금 → 참기름 → 담기

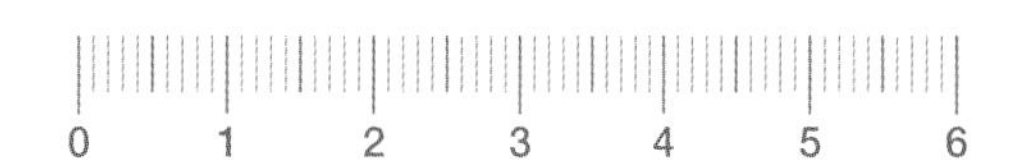

채소볶음

25분

1. 냄비 데칠 물 올리기
2. 마늘, 생강, 양송이 : 편 썰기
3. 셀러리, 청경채, 대파, 표고버섯, 당근, 죽순, 피망 : 4cm 편 썰기
4. 표고버섯, 당근, 죽순, 피망, 셀러리, 청경채, 양송이 데치기
5. 물녹말 만들기
6. (팬) 대파, 마늘, 생강 → 간장, 청주 → 표고버섯, 양송이, 죽순, 당근 → 물 1/4컵 → 셀러리, 청경채, 피망 → 소금, 흰후춧가루 → 물녹말 → 참기름 → 담기

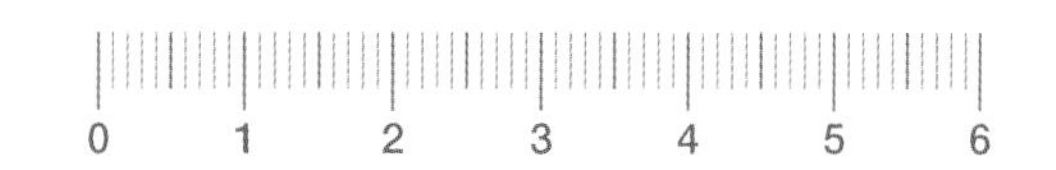

새우케첩볶음

1. 냄비 데칠 물 올리기 → 완두콩 데치기
2. 생강 : 편 썰기
3. 대파, 당근, 양파 : 사방 1cm 크기 썰기
4. 새우 : 내장 제거 → 소금, 청주 → 튀김옷(달걀흰자 1큰술 + 녹말가루 2~3큰술) → 튀기기
5. 물녹말 만들기
6. (팬) 대파, 생강 → 청주, 간장 → 양파, 당근 → 케첩 3큰술 + 설탕 1큰술 + 물 1/3큰술 → 물녹말 → 튀긴 새우 → 담기

0 1 2 3 4 5 6

마파두부

1. 냄비 데칠 물 올리기
2. 두부 : 사방 1.5cm 주사위 모양 → 데치기
3. 마늘, 생강 : 다지기
4. 대파, 홍고추 : 0.5cm 다지기
5. 돼지고기 : 기름, 핏물 제거
6. 고추기름 만들기
7. 물녹말 만들기
8. (팬) 고추기름 → 파, 마늘, 생강, 홍고추 → 간장 → 돼지고기 → 두반장 1큰술, 설탕 1작은술, 검은후춧가루, 물 1컵 → 두부 → 물녹말 → 참기름 → 담기

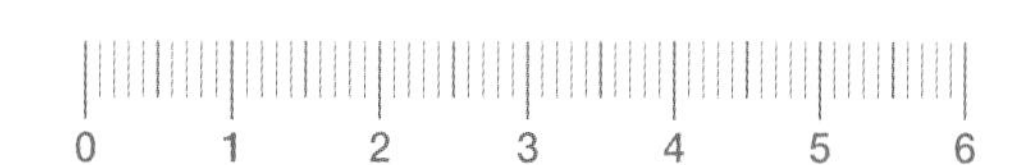

난자완스

1. 냄비 데칠 물 올리기
2. 마늘, 생강 : 편 썰기
3. 대파 : 3cm 편 썰기
4. 죽순 : 데치기 → 4cm 편 썰기
5. 표고버섯, 청경채 : 4cm 편 썰기
6. 다진 돼지고기 : 핏물 제거 → 간장 + 청주 + 소금 + 검은 후춧가루 → 달걀물 3큰술 + 녹말가루 1큰술
7. (팬) 고기반죽을 손으로 쥐어 원형완자 → 완자 숟가락으로 눌러 지름 4cm → 지지기
8. (완자를 지진 팬) 기름을 넉넉히 → 갈색으로 튀기기
9. 물녹말 만들기
10. (팬) 대파, 마늘, 생강 → 간장 1큰술, 청주 1큰술 → 표고버섯, 죽순 → 물 1컵 → 완자, 청경채, 후춧가루 → 물녹말 → 참기름 → 담기

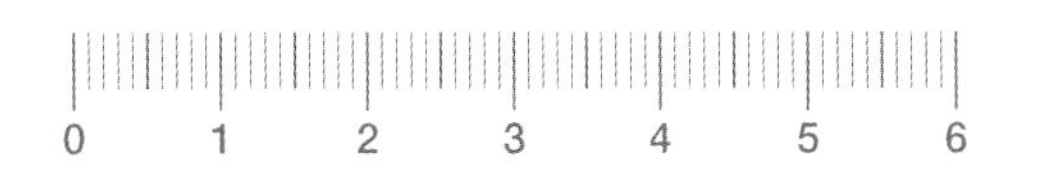

빠스옥수수

1. 튀김 팬 기름 올리기
2. 땅콩 : 껍질 제거 → 굵게 다지기
3. 옥수수 : 물기 제거 → 다지기 → 달걀노른자 + 밀가루 → 다진 땅콩 → 반죽 → 반죽 왼손에 쥐고 지름이 3cm 동그란 완자 6개 → 노릇하게 튀기기
4. (팬) 연한 갈색 시럽(설탕 3큰술 + 식용유 1큰술) → 옥수수 완자 → 찬물 1작은술 → 버무리기 → 담기

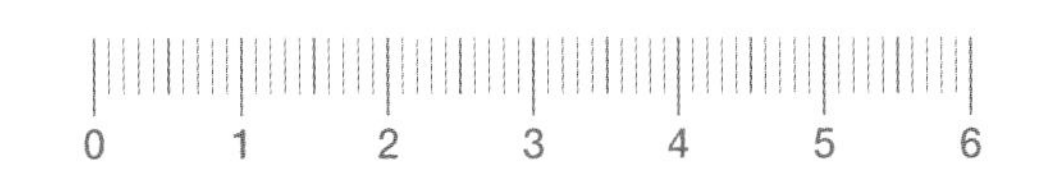

빠스고구마

1. 튀김 팬 기름 올리기
2. 고구마 : 껍질 벗기기 → 길게 4등분 → 4cm 길이의 다각형 → 찬물 → 물기 제거 → 튀기기
3. (팬) 연한 갈색 시럽(설탕 3큰술 + 식용유 1큰술) → 튀긴 고구마 → 찬물 1작은술 → 버무리기 → 담기

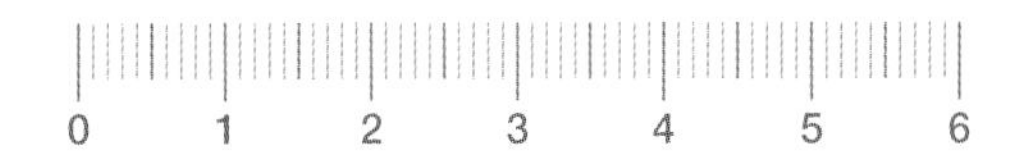

탕수육

1. 냄비 데칠 물 올리기 → 완두콩 데치기
2. 앙금녹말 만들기
3. 목이버섯 불리기
4. 튀김 팬 기름 올리기
5. 오이, 당근, 양파, 대파 : 3cm 정도 편 썰기
6. 목이버섯 : 손으로 적당한 크기 뜯기
7. 돼지고기 : 4×1×1cm의 막대 형태 → 간장, 청주 → 튀김옷(앙금녹말 + 달걀흰자) 버무리기 → 튀기기
8. 물녹말 만들기
9. 탕수소스 : 간장 1큰술, 설탕 4큰술, 식초 4큰술, 물 1컵
10. (팬) 대파, 양파, 당근, 목이, 완두콩 → 탕수소스 → 물녹말 → 오이
11. 튀긴 돼지고기 → 소스 끼얹기

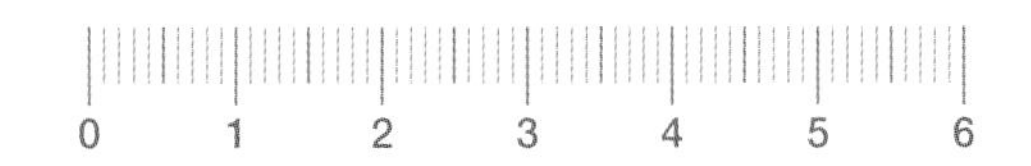

탕수생선살

1. 냄비 데칠 물 올리기 → 완두콩 데치기
2. 앙금녹말 만들기
3. 목이버섯 불리기
4. 튀김 팬 기름 올리기
5. 오이, 당근 : 3cm 정도 편 썰기
6. 파인애플 : 8등분
7. 목이버섯 : 손으로 적당한 크기 뜯기
8. 생선살 : 수분 제거 → 4×1×1cm의 막대 형태 → 튀김옷(앙금녹말 + 달걀흰자) 버무리기 → 튀기기
9. 물녹말 만들기
10. 탕수소스 : 간장 1큰술, 설탕 4큰술, 식초 4큰술, 물 1컵
11. (팬) 양파, 당근, 목이, 파인애플, 완두콩 → 탕수소스 → 물녹말 → 오이
12. 튀긴 생선살 → 소스 끼얹기

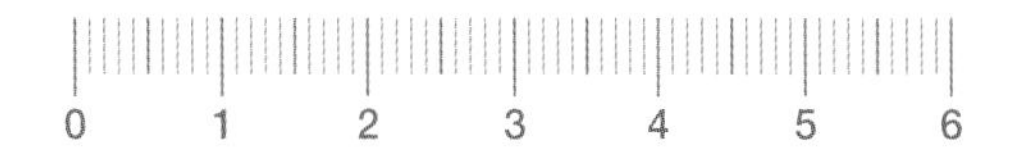

홍쇼두부

1. 냄비 데칠 물 올리기
2. 두부 : 사방 5cm 두께 1cm 삼각형 썰기 → 물기 제거 → 노릇하게 튀기기
3. 마늘, 생강 : 편 썰기
4. 대파 : 4cm 정도 편 썰기
5. 죽순, 청경채, 표고버섯, 홍고추 : 4cm 정도 편 썰기
6. 양송이 : 편 썰기
7. 죽순, 양송이, 청경채 데치기
8. 돼지고기 : 핏물 제거 → 채소들과 비슷한 크기 편 썰기 → 청주, 간장 → 달걀흰자, 녹말가루 → 화데침
9. 물녹말 만들기
10. (팬) 마늘, 생강, 대파 → 간장, 청주 → 표고버섯, 양송이, 죽순, 홍고추, 청경채 → 물 1컵 → 돼지고기, 두부 → 물녹말 → 참기름 → 담기

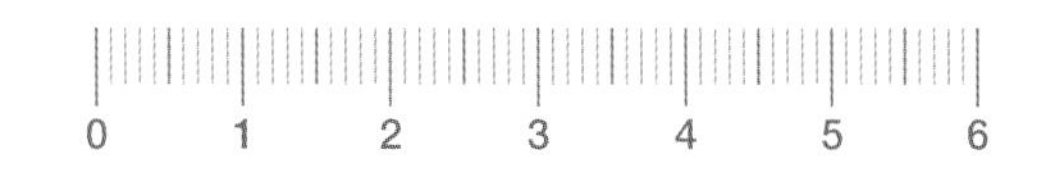

라조기

1. 냄비 데칠 물 올리기
2. 마늘, 생강, 양송이 : 편 썰기
3. 대파, 죽순, 표고버섯, 청경채, 청피망, 건홍고추 : 5×2cm 썰기
4. 죽순, 양송이, 청경채 데치기
5. 닭고기 : 뼈를 발라 5×1cm 썰기 → 소금, 검은후춧가루, 청주 → 튀김옷(달걀 2큰술, 녹말가루 3큰술) → 튀기기
6. 물녹말 만들기
7. (팬) 고추기름 → 대파, 마늘, 생강, 건고추 → 간장 1작은술, 청주 1작은술 → 표고버섯, 죽순, 양송이, 피망, 청경채 → 물 1컵 → 소금, 후춧가루 → 물녹말 → 튀긴 닭 → 담기

깐풍기

1. 마늘, 생강 : 다지기
2. 대파, 청피망, 홍고추 : 사방 0.5cm 썰기
3. 닭 : 뼈 제거 → 사방 3cm 썰기 → 간장 1/2큰술, 청주 1/2큰술, 소금, 검은후춧가루 → 튀김옷(달걀 2큰술, 녹말가루 3큰술) → 튀기기
4. 깐풍소스 : 간장 1큰술, 설탕 1큰술, 식초 1큰술, 물 2큰술
5. (팬) 대파, 마늘, 생강 → 홍고추, 청주 → 깐풍소스 → 튀긴 닭 → 청피망 → 참기름 → 담기

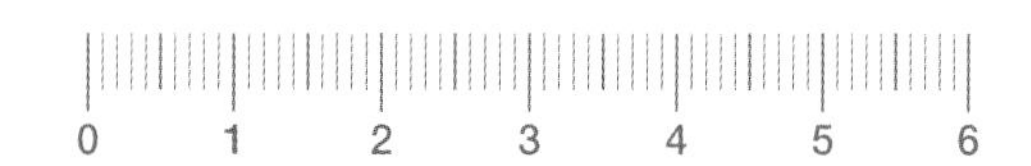

경장육사

1. 냄비 데칠 물 올리기
2. 대파 : 5cm 어슷하게 곱게 채썰기 → 찬물 → 물기 제거
3. 마늘, 생강 : 채썰기
4. 죽순 : 데치고 채썰기
5. 돼지고기 : 5cm 길이 채 썰기 → 간장 1작은술, 청주 1작은술 → 달걀흰자 1작은술, 녹말가루 1큰술 → 화데침
6. 물녹말 만들기
7. 춘장볶기(기름 3큰술, 춘장 2큰술)
8. (팬) 마늘, 생강 → 청주 1큰술, 간장 1작은술 → 돼지고기, 죽순 → 춘장, 굴소스 1작은술, 설탕 1작은술, 물 3큰술 → 물녹말 → 참기름
9. 파채 새둥지처럼 접시에 깔고 그 위에 볶은 짜장 고기 올려 완성

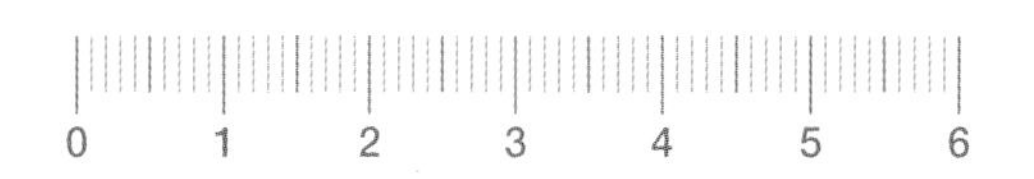

유니짜장면

1. 냄비 물 올리기 → 소금 → 중화면 → 찬물 헹구기
2. 생강 : 다지기
3. 양파, 호박 : 사방 0.5cm 크기 썰기
4. 오이 : 5cm 길이 채썰기
5. 다진 돼지고기 : 핏물 제거
6. 물녹말 만들기
7. 춘장볶기(기름 3큰술, 춘장 2큰술)
8. 짜장소스 : (팬) 생강 → 돼지고기 → 간장 1작은술, 청주 1작은술 → 양파, 호박 → 춘장 → 물 1컵, 설탕 1큰술→ 물녹말 → 참기름
9. 삶은 면을 다시 뜨거운 물에 넣었다 뺀 후 그릇에 담기 → 오이채 → 완성

0 1 2 3 4 5 6

울면

1. 냄비 물 올리기 → 소금 → 중화면 → 찬물 헹구기
2. 목이버섯 불리기
3. 마늘 : 채썰기
4. 대파, 양파, 배춧잎, 당근 : 6cm 길이 채썰기
5. 부추 : 6cm 길이 썰기
6. 새우 : 내장 제거
7. 오징어 : 껍질 제거 → 6cm 길이 채썰기
8. 달걀물 만들기
9. 물녹말 만들기
10. 울면소스 : (냄비) 물 3컵 → 마늘, 대파, 간장 1작은술, 청주 1작은술 → 당근, 양파, 배추, 목이버섯 → 오징어, 새우살 → 물녹말 → 달걀물 → 흰후춧가루, 부추, 참기름
11. 삶은 면을 다시 뜨거운 물에 넣었다 뺀 후 그릇에 담기 → 울면소스 → 완성

0 1 2 3 4 5 6

새우볶음밥

1. 냄비 데칠 물 올리기
2. 새우 : 내장 제거 → 데치기
3. 밥하기(쌀 : 물 = 1 : 1) → 펼쳐 식히기
4. 대파, 당근, 피망 : 0.5cm 크기 주사위 모양 썰기
5. 달걀물 만들기 → (팬) 부드러운 스크럼블 → 대파, 당근 → 식힌 밥 → 소금, 흰후춧가루 → 새우, 피망, 달걀 → 밥공기 사용하여 눌러 담기 → 담기

0 1 2 3 4 5 6

양장피잡채

1. 냄비 데칠 물 올리기(넉넉히)
2. 겨자 발효시키기
3. 목이버섯 : 미지근한 물 불리기
4. 양장피 : 미지근한 물 불리기 → 데치기 → 사방 4cm로 찢기 → 간장, 참기름
5. 새우 : 내장 제거
6. 오징어 : 껍질 제거 → 안쪽 칼집
7. 당근, 해삼, 새우, 오징어 데치기
8. 데친 당근, 오징어, 해삼 : 5cm 길이 채썰기
9. 오이 : 돌려깎기 → 5cm 길이 채썰기
10. 양파 : 5cm 길이 채썰기
11. 부추: 5cm 길이 썰기
12. 목이 : 손으로 뜯기
13. 돼지고기 : 5cm 길이 채썰기
14. 발효겨자소스 : 발효시킨 겨자 + 설탕 1큰술 + 식초 1큰술 + 소금 + 물 약간 + 참기름
15. 지단 부치기
16. 부추잡채 : (팬) 돼지고기 → 간장 1작은술 → 양파, 목이버섯, 부추 → 소금, 참기름
17. 접시 : 오이, 당근, 새우, 해삼, 오징어, 달걀지단 돌려 담기 → 가운데 양장피 → 부추잡채 → 겨자소스 끼얹어 완성(겨자소스는 따로 제출 가능)

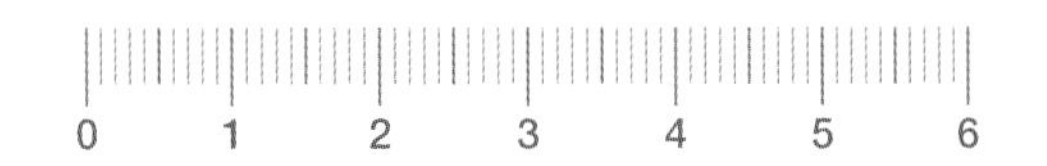

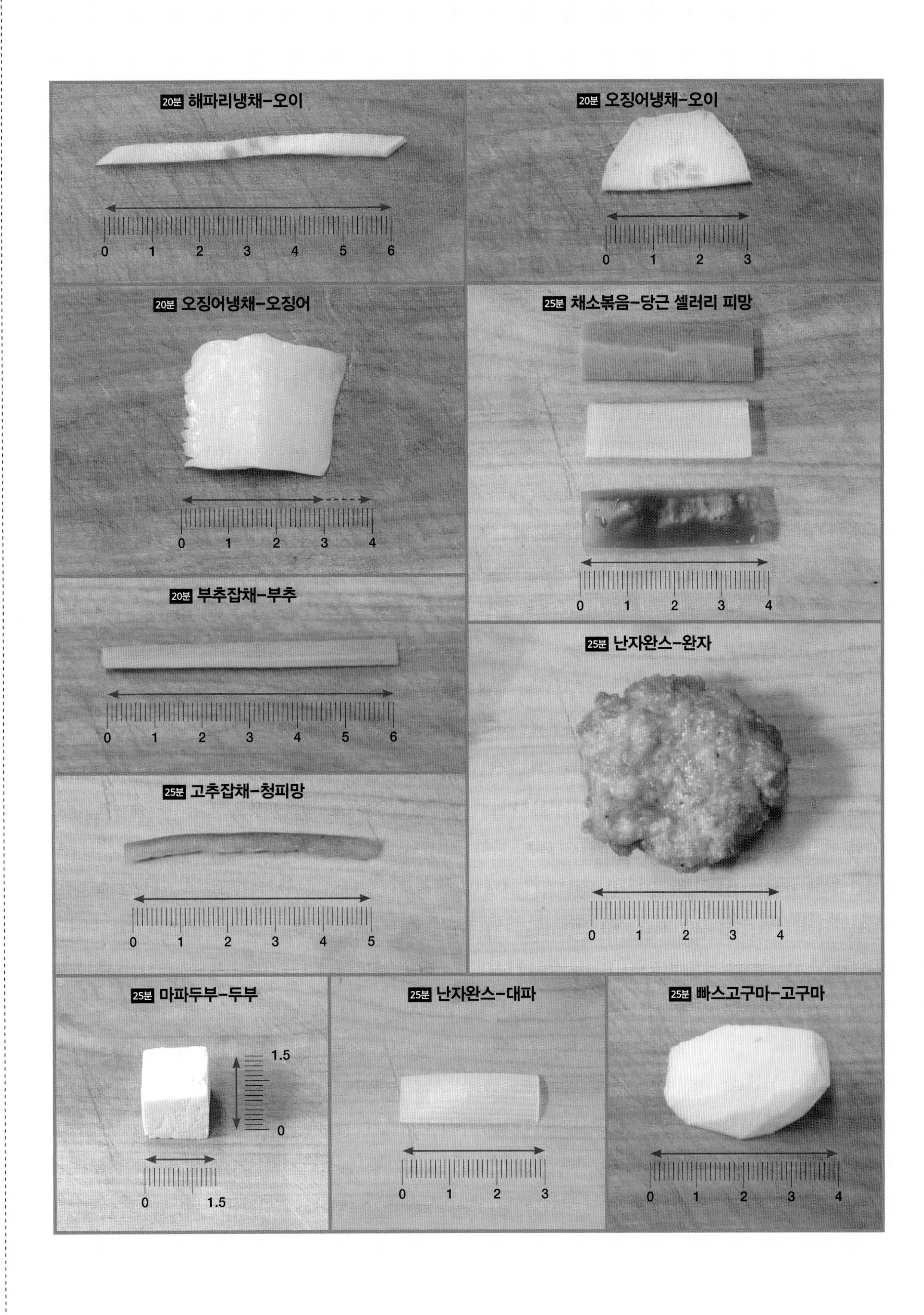
20분 해파리냉채-오이
0 1 2 3 4 5 6
20분 오징어냉채-오이
0 1 2 3
20분 오징어냉채-오징어
0 1 2 3 4
25분 채소볶음-당근 셀러리 피망
0 1 2 3 4
20분 부추잡채-부추
0 1 2 3 4 5 6
25분 난자완스-완자
0 1 2 3 4
25분 고추잡채-청피망
0 1 2 3 4 5
25분 마파두부-두부
1.5
0
0 1.5
25분 난자완스-대파
0 1 2 3
25분 빠스고구마-고구마
0 1 2 3 4

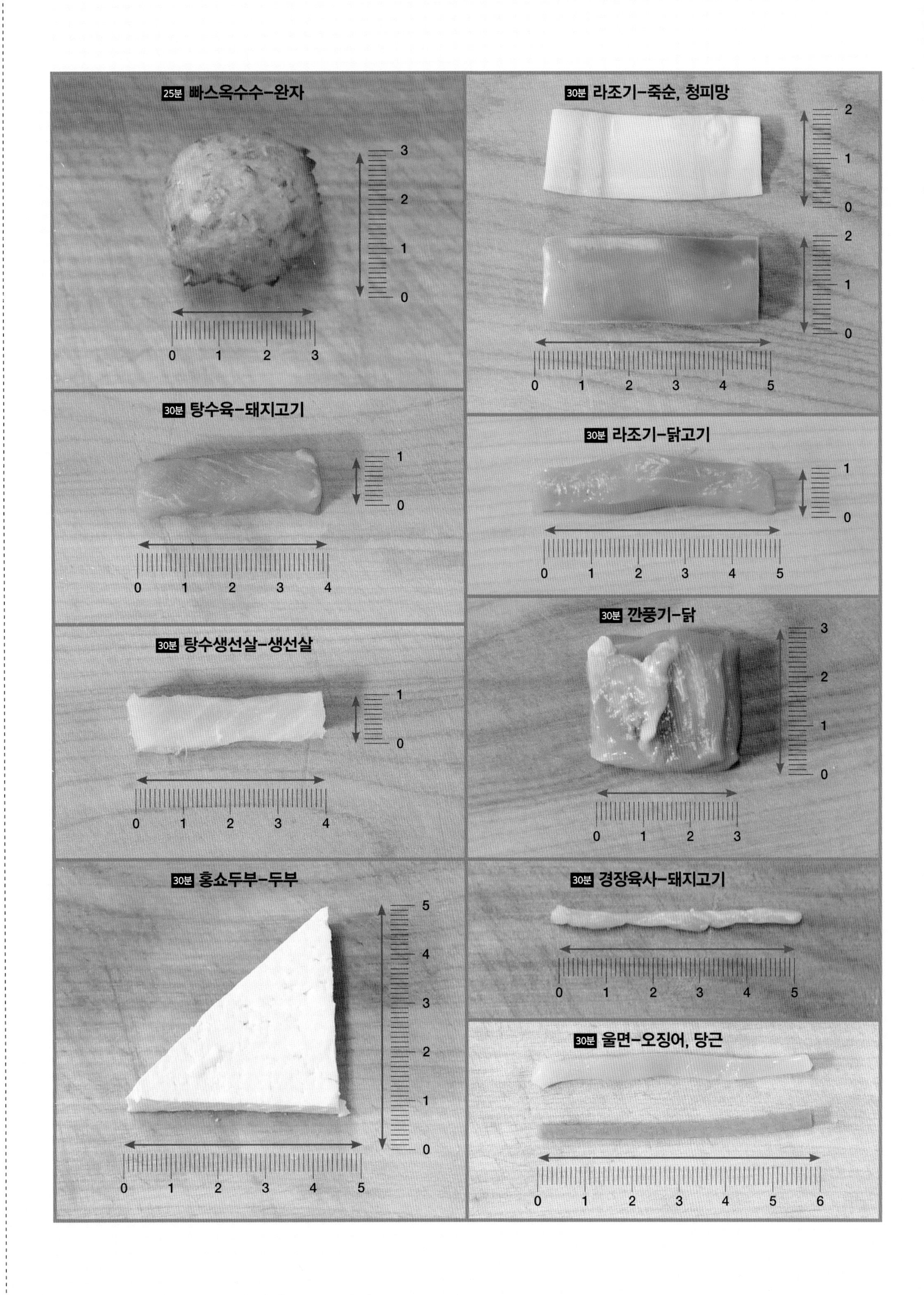
25분 빠스옥수수–완자
30분 라조기–죽순, 청피망
30분 탕수육–돼지고기
30분 라조기–닭고기
30분 탕수생선살–생선살
30분 깐풍기–닭
30분 홍쇼두부–두부
30분 경장육사–돼지고기
30분 울면–오징어, 당근